信息化技术在电力通信网络中的应用研究

方志宁◎著

吉林大学出版社
·长春·

图书在版编目（CIP）数据

信息化技术在电力通信网络中的应用研究 / 方志宁著. -- 长春 : 吉林大学出版社, 2022.11
ISBN 978-7-5768-1318-0

Ⅰ. ①信… Ⅱ. ①方… Ⅲ. ①信息技术—应用—电力通信网 Ⅳ. ①TM73-39

中国版本图书馆CIP数据核字（2022）第244700号

书　　名　信息化技术在电力通信网络中的应用研究
XINXIHUA JISHU ZAI DIANLI TONGXIN WANGLUO ZHONG DE YINGYONG YANJIU
作　　者　方志宁
策划编辑　李伟华
责任编辑　李伟华
责任校对　曲天真
装帧设计　左图右书
出版发行　吉林大学出版社
社　　址　长春市人民大街4059号
邮政编码　130021
发行电话　0431-89580028/29/21
网　　址　http://www.jlup.com.cn
电子邮箱　jdcbs@jlu.edu.cn
印　　刷　湖北诚齐印刷股份有限公司
开　　本　787mm×1092mm　1/16
印　　张　12
字　　数　210千字
版　　次　2022年11月　第1版
印　　次　2022年11月　第1次
书　　号　ISBN 978-7-5768-1318-0
定　　价　68.00元

方志宁，1967年生，男，汉族，湖北孝感人，本科学历，高级工程师，研究方向是人工智能、大数据、信息化、电力智能化。现就职于国电电力发展股份有限公司。先后在石嘴山发电厂、宁夏新能源、国电电力等单位任职，历任运行值班员、主值班员、检修工、班长、总经部主任、信息中心主任、副总工程师、数字化处处长等职务。长期从事电气、信息化和数字化相关工作。主持的项目“数字化风场的建设与应用”荣获电力科技进步奖一等奖。发表专业论文《风电场运行管理指标研究与应用》《关于风电场智能化模式的探索》《关于智能化风电场建设的探索与实践》《理论发电量平衡分析法在集控中的应用与研究》等若干，其中《理论发电量平衡分析法在集控中的应用研究》获全国电力企业国家级管理创新论文一等奖。作为编委会成员参与《人工智能火电厂和智慧企业》等书籍的编写及国电电力智慧企业建设规划等的编制。

前言
PREFACE

随着通信技术和计算机技术的不断进步，电力通信技术发展越来越迅速。电力通信技术的水平，直接关系到电力系统的生产和运行，而电力通信技术在新一代电力系统中显得越来越重要。

信息化技术发展迅猛、应用广泛、影响深远，是信息化时代的重要标志之一，其理论与技术及产业化水平在很大程度上象征着一个区域文明进程、科技进步和经济进展的状况。信息化技术相互渗透、相互依存、紧密融合、紧密关联，这在实际应用工程中表现得更为明显。信息化技术在电力系统中的应用不仅日益广泛，而且已具规模，最为突出的体现和典型的应用就是电力通信。电力通信在信息化技术的支持下，从原来的电力载波通信发展到现在的电力电子通信和光子通信。尤其是在光通信技术的推动下，电力系统的发电厂、变电站、输配电和继电保护等设施都先后采用了以光纤通信技术为主导的光子通信技术与电子通信技术相融合的现代通信方式，并且建成了相当规模的现代电力通信网络。电力系统的国调、网调、省调、地（市）调和县调之间的调度指令，各级电话电视会议的视频信号，各厂、站节点的有关数据，以及各种业务往来的相关信息，均由电力通信网络进行传输，极大地促进了电力系统自动化与智能化的进程。相对工业发达国家而言，我国电力通信事业起步较晚，主要设施和相关技术也比较滞后，因此同仁们任重而道远、艰辛而光荣。

本专著主要围绕信息化技术在电力通信网络中的应用展开研究，先对电力通信做了简要的概述，主要包括电力通信的基本概念、电力通信的进展与动向、电力通信编码方法，然后介绍了电力系统常用通信方式和电力通信网络中相关信息化技术，在此基础上介绍了SDN技术、PTN技术在电力通信网络中的应用与优化，最后阐述了电力通信网络管理信息系统的设计与应用。本专著的内容丰富，全面、系统地介绍了信息化技术与电力通信网络，旨在引导读者独立思考，对相关从业者具有一定的参考价值。

目 录
CONTENTS

第一章 电力通信概述

第一节 电力通信基本概念

通信即传递(或交换)信息。执行通信的全部设施称为通信系统。基本的通信系统包含五个部分:信息源、发送设备、信道、接收设备、收信者。

信息源简称信源,其作用是把要传输的信息转换成电信号[①]。发送设备的作用是将传输的电信号变换成适合于信道传输的信号。信道的作用是构成传输信号的通道。接收设备的作用是把从信道上接收的信号恢复还原成接收者能接收的信息。收信者(又称信宿)的作用是接收从信息源发送来的信息。通常将信息源和发送设备称为发送端,而将接收设备和接收者称为接收端。另外,在通信工作过程中,信道上存在噪声。

一、电力通信系统模型及组成

简言之,通信的目的与任务就是传递信息。通信的信息形式很多,如数据、文字、符号、图片、活动图像、话音和音乐等。因此,通信业务依据所传信息形式可分为电报、传真、数据传输、电话及可视电话等。广而言之,电视、广播、雷达、导航、温测、程控等也可视为通信业务。通信理论与工程技术中涉及的信号通常电信号居多,电信号一般指随时间变化的电压或电流,也可以是电容电荷、线圈磁通和空间电磁波等。通信涉及的电信号分为模拟信号(也称连续信号)和数字信号(也称离散信号),因此,通信系统可分为模拟通信系统和数字通信系统。

(一)通信信道与噪声

通信信道,简而言之,即通信信号传输交流的通道。有用的通信信号在信道传输过程中存在干扰(或称无用信号),即噪声,因此,通信接收端

①薛联凤,章春芳.信息技术教程[M].南京:东南大学出版社,2017:52-53.

将会同时接收到有用信号(简称信号)和无用信号(即噪声),因此,需要进行相应的处理。

1.通信信道

通信信道是通信信号传输的媒介质,其可划分为有线信道和无线信道两大类。电子通信典型的有线信道有双绞线对称电缆、同轴电缆、电力线等。而典型的无线信道有地波传播、天波传播、空间波(视距)传播、微波(无线电视距)中继、卫星中继、对流层散射、流星余迹散射等。然而,广义而论,通信信道除上述传输信号的媒介质以外,还可包括相关的变换装置,如信号发送设备、信号接收设备、调制器、解调器、馈线与天线等。因此,可将双绞线、对称电缆、同轴电缆、电力线等称为狭义信道;而将信号发送设备、信号接收设备、调制器、解调器、馈线与天线等称为广义信道。并且习惯上常称狭义信道为通信传输介质,称广义信道为通信信道(简称信道)。

(1)信道类型

如上所述,信道可以分为狭义信道和广义信道,即前者既可以是物理传输介质,也可以是物理存储介质,如有线信道、无线信道、光盘、磁盘等;后者是一种逻辑信道,它可分为调制信道和编码信道。调制信道又可以分为恒参信道和变参信道,编码信道又可以分为无记忆编码信道和有记忆编码信道等。

有线信道:一般的有线信道均可视为恒参信道。常见的有线信道有双绞线、电力线、对称电缆和同轴电缆等平行而相互绝缘的架空线,其传输损耗较小,通频带为0.3 ~ 27 kHz。对称电缆是在同一保护套内有许多对相互绝缘的双导线的电缆,其传输损耗比架空线大得多,通频带为12 ~ 250 kHz。电缆芯线常常相互扭绞,以防串音。普通的扭合方式有对式、星式和复对式。对称电缆主要用于市话中继线路和用户线路,在许多局域网(如以太网和令牌网)中也采用高等级的非屏蔽电缆进行连接。屏蔽电缆的特性与非屏蔽电缆的特性相同,但对噪声有更好的抑制作用。双绞线上传输数字信号,数据传输速率可达1.5 Mb/s,最高上限为10 Mb/s,采用特殊技术可达100 Mb/s。屏蔽线在100 m内数据传输速率可达500 Mb/s,同轴电缆由同轴的内外两个导体组成,外导体是一个圆柱形的空管,通常由金属丝编织而成;内导体是金属芯线。内外导体之间填充着介质(塑料或空气)。通常在一个较大保护套内安装若干根同轴线管芯,还装入一些二芯绞线或四芯线组用于传输控制信号,同轴线外导体接地,对外界干扰起屏蔽作用。同轴电缆分小同轴电缆、中同轴电缆。小同轴电缆通频带为60~4 100 kHz,增音段长度约为8 km和4 km;中同轴电缆通频带为300~6 000 kHz,增音段长度为6 km、4.5 km和1.5 km。

以光纤为传输媒介并以光波为载波的光子通信信道,具有很宽的通频带,能够提供很大的传输容量。光纤的特点是损耗低、通频带宽、重量轻、不怕腐蚀以及不受电磁干扰等。由于光纤的物理性质非常稳定,因此光纤信道性质非常稳定,可以看作典型的恒参信道。

无线信道:无线信道利用电磁波在空间的传播来传输信号。

地波传播无线信道:频率较低(2 MHz以下)的无线电波沿着地球表面传播称为地波传播,主要用于低频及甚低频距离无线电导航、标准频率和时间信号广播、对潜通信等业务。其主要传播特点是:传输损耗小,作用距离远;受电离层扰动小,传播稳定;有较强穿透海水和土壤的能力;大气噪声电平高,工作频带窄。

天波传播无线信道:天波传播是经由电离层反射的一种传播方式。长波、中波和短波都可以利用天波通信。天波传播的主要优点是传输损耗小,因而可以利用较小的功率进行远距离通信,但由于电离层是一种随机的色散及各向异性的有耗媒介质,电波在其中传播时会产生各种反应(如多径传输、衰落、极化面旋转等反应),有时还会因电离层暴等异常情况造成短波通信中断,但高频自适应通信系统的使用大大提高了短波通信的可靠性。因此,天波通信仍然是一种重要的通信手段。

空间波传播(视距传播)无线信道:这是在发射天线和接收天线之间能相互“看见”的距离内,电波直接从发射点传到接收点(不排除地面反射存在)的一种传播方式,也称为直射波或空间波传播。按收/发天线所处的空间位置不同,传播大体上可以分为三类:第一类是指地面上的空间波传播(如中继通信电视、广播)以及地面上的移动通信等;第二类是指地面与空中目标(如飞机、通信卫星等)之间的空间波传播;第三类是指空间飞行体之间的空间波传播(如宇宙飞行器间的电波传播等)。无论是地面上的还是地对空的视距传播,其传播途径至少有一部分是在对流层中,因此必然要受到对流层这一传输媒介质的影响。另外,当电波在低空大气层中传播时，还可能受到地表面自然或人为障碍物的影响，引起电波反射、散射或绕射现象。

微波（无线电视距）中继无线信道：无线电视距中继通信工作在超短波和微波段，利用定向天线实现视距直线传播。由于直线视距一般为40～50 km，因此需要中继方式实现长距离通信，相邻中继站之间的距离为直接视距（20～40 km）。由于中继站之间采用定向天线实现点对点的传输，并且距离较短，因此传播比较稳定，一般可以视为恒参信道，这种系统具有传输容量大、发射功率小、通信稳定可靠等特点。

卫星中继无线信道：这是利用人造地球卫星作为中继站转发无线信号实现地球站之间的通信，当卫星运行轨道在赤道上空、距地面35 860 km时，其绕地球一周时间为24 h，在地球上看到卫星是相对静止的，称为静止（或同步）卫星，利用它作为中继站可以实现地球上18 000 km范围内多点通信，利用3颗适当配置的这种卫星可以实现全球（南北极盲区除外）通信。同步卫星通信电磁波直线传播，大部分在真空状态自由空间传播，传播特性稳定可靠、传输距离远、容量大、覆盖地域广，广泛用于传输多路电话、电报、图像数据和电视节目，同步卫星中继信道可以视为恒参信道。近期发展起来的中、低轨道卫星通信，通常利用多颗卫星组成星座实现全球通信。由于卫星距地球较近，且相对于地球处于高速运动状态，传播条件相对要复杂一些。

对流层散射无线信道：发射天线射束和接收天线射束相交在对流层上层，两波束相交的空间为有效散射区域。对流层散射通信频率范围为100 MHz～4 GHz，可以达到的有效散射传播距离最大约为600 km。对流层散射是由于大气不均匀性产生的，这种不均匀性可以产生电磁波散射现象，而且散射现象具有较强的方向性，散射能量主要集中在前方，故称“前向散射”。由于散射的随机性，这种信道属于变参信道。

流星余迹散射无线信道：这是由于流星经过大气层时产生很强的电离余迹使电磁波散射的现象。流星余迹高度约为80～120 km，余迹长度为15～40 km，散射频率范围为30～100 MHz，传播距离在1 000 km以上。一条余迹存留时间在十分之几秒到几分钟之间，但空中随时都有大量肉眼看不见的流星余迹存在，能随时保证信号继续传输，所以流星余迹散射通信只能用于低速存储和高速突发的断续方式传输数据。流星余迹散射信道属于变参信道。

(2)信道模型

恒参信道与变参信道:信道传输特性可用线性网络模型的传递函数表征。恒参信道模型的传递函数仅是角频率的函数,而与信号激励时间无关,即恒参信道可用一个非时变的线性网络来等效。恒参信道特点是其信道参数恒定或在较长观察时间内参数变化极其缓慢,有线信道是典型的恒参信道。变参信道网络模型的传递函数既是角频率的函数,又是信号激励时间的函数,即变参信道可用一个时变线性网络等效。

需要指出,当信道具有多端输入和多端输出时,同理,可用多端网络模型来表征。

调制信道与编码信道:基本调制信道有一对输入端和一对输出端。因为无论有无信号,信道中噪声总是存在的,故调制信道一般可以视为输出端上叠加有噪声的时变线性网络。

数字通信中由于噪声和信道带宽有限,信号在传输中不可避免地会出现差错。如果信道输入二进制数字信号,当输入"1"时,信道的输出可能因传输差错而变成"0";反之亦然。因此,对编码信道而言,关键在于数字信号经信道传输后是否出现差错以及出现差错可能性的大小。编码信道的作用可用信道转移概率描述。

由于编码信道包括了调制信道和调制解调器,因此其性质主要取决于调制信道和调制解调器的性质。因为编码信道的输入信号就是编码器的输出信号,该输出信号即为解码(译码)器的输入信号。所以编码信道模型对于编译码理论与技术至关重要。

(3)信道容量

信道在单位时间能传送的最大信息量(即最高信息速率)称为信道容量。当传送信号为高斯信号时,依据香农信息论,连续信道容量C的理论计算公式为$C=B\log_2(1+P_S/P_N)$,其中:B为信道带宽;P_S/P_N为信噪比(即P_S和P_N分别为信号与白噪声的平均功率)。实际通信中所传送信号虽然不为高斯信号,但此式仍可用来近似估算信道容量。

2.通信噪声

实际通信传输过程中,接收端收到的信号由两部分组成:其一,发送端送出的信号;其二,在传输过程中混入有用信号中的无用信号,即噪声,根据噪声产生原因它可分为五类，即热噪声、交调噪声、脉冲噪声、宇宙噪声和串音噪声。

(1)热噪声

热噪声是由带电粒子在导电媒质中进行热运动引起的，它存在于所有在0 K以上环境中工作的电子设备和传输介质中，这种噪声是无法被消除的。噪声功率密度可作为热噪声值的度量，它以瓦/赫(W/Hz)为单位。值得指出的是，热噪声是一种高斯白噪声。高斯噪声是指n维分布都服从高斯分布的噪声。而白噪声是指功率谱密度在这个频率范围内分布均匀的噪声。于是在服从高斯分布的同时功率谱密度又是均匀分布的噪声被称为高斯白噪声。热噪声恰恰具有这两项特性。

(2)宇宙噪声

宇宙噪声也叫作空间噪声，是天体辐射波在通信接收端形成的噪声，它在整个空间分布不均匀，最强的来自银河系中部，其强度与季节、频率等因素相关。实测表明，在20 ~ 300 MHz范围内，其强度与频率三次方成正比，因此当通信工作频率低于300 MHz时应注重其影响。宇宙噪声也遵循高斯分布规律，并在一般工作频率范围内，它也具有平坦功率谱密度即也为白噪声。

(3)交调噪声

交调噪声是多个频率信号共享一个传输介质时可能产生的噪声。一般通信系统发送端和接收端以线性系统模式工作，即输出为输入的常数倍。而当通信系统中存在非线性因素时则会出现交调噪声。非线性因素的出现将产生无用信号(干扰信号)，这些干扰信号的频率可能是多个输入信号频率的和或差，可能是某个输入信号频率的若干倍，也可能是上述情况的组合(例如，如果输入信号的频率为f_1和f_2，那么非线性因素就可能导致生成频率为$(2f_1+f_2)$的信号)。传输系统中出现的非线性因素可能是元器件的故障引起的，可以通过一些人为方法对非线性因素进行校正。

(4)脉冲噪声

脉冲噪声是一种突发的、振幅很大、持续时间很短、耦合到信道中的非连续尖峰脉冲引起的干扰信号，这种噪声是由电火花、雷电等原因引起的，其出现无法预知。通常脉冲噪声对模拟通信传输不会造成明显的影响，但在数字通信传输中脉冲噪声是产生差错的主要原因。就以比特率

4 800 b/s传输的数据流为例，一个持续时间为0.01 s的尖峰脉冲就可能毁掉大约50 b数据。脉冲噪声造成的干扰是不易被消除的，必须通过差错控制手段来确保数据传输的可靠性。在接收含噪声的数据信号时，接收端将以一定的时序对数据信号进行取样。

（5）串音噪声

串音噪声即一信道中的信号对另一信道信号产生的干扰，这是由于相邻信道之间发生耦合引起的干扰现象，尤其是双绞线之间容易引发这种现象，同轴电缆之间偶尔也会发生这种串音噪声。

值得一提的是，通信系统中的噪声源是分散在通信系统各处噪声的集中表示。由于信号占有一定的带宽，同样噪声也有一定的带宽，因此给噪声定义一个等效噪声带宽可使工程计算简化。

（二）模拟通信系统组成模型

模拟通信系统是指信源是模拟信号，信道中传输的也是模拟信号的系统。

信源输出的原始电信号（基带信号）的频谱一般具有很低的频谱分量，这种信号一般不宜直接传输，需要把它变换成适合在信道中传输的频带信号，这一变换由调制器完成；在接收端同样需经相反的变换，它由解调器完成。经过调制后的信号通常称为已调信号。已调信号具有三个基本特性：其一，携带有信息；其二，适合在信道中传输；其三，具有较高频率成分。信息从发送端到接收端传递过程中，除有连续信息与原始电信号之间变换以及原始电信号与已调信号之间的变换过程外，可能还有滤波、放大、天线辐射与接收、控制等过程。对信号传输而言，上面两种变换过程对通信工作至关重要。模拟通信的主要优点是通过信道的信号频谱较窄，因此信道利用率高；其缺点是信号混入噪声后不易清除，即抗干扰能力差而且不易保密，其设备也不易大规模集成化，并且不易同发展很快的计算机相互融合。

（三）数字通信系统组成模型

信道中传输数字信号的系统称为数字通信系统，其可进一步细分为数字频带传输通信系统、数字基带传输通信系统、模拟信号数字化传输通信系统。

1.数字频带传输通信系统组成模型

数字通信的基本特征是其信息或信号具有离散或数字的特性。如上所述的第二种变换,在模拟通信中强调变换的线性特性,即强调已调参量与代表信息的模拟信号之间的比例特性;而在数字通信中,则强调已调参量与代表信息的数字信号之间的一一对应关系。

数字通信中必须解决三个重要问题:其一,数字信号传输时,信道噪声或干扰所造成的差错,原则上是可以控制的,即通过差错控制编码来实现,于是就需要在发送端增加一个信道编码器,而在接收端相应需要增加一个信道译码器;其二,当需要实现保密通信时,可对数字基带信号进行加密,此时在接收端就必须进行解密;其三,由于数字通信传输是一个接一个按一定节拍传送的数字信号,因此接收端必须要有一个与发送端相同的节拍,即系统的"同步"问题。调制器/解调器、加密器/解密器、编码器/译码器等环节,在通信系统中是否全部采用,取决于具体设计条件和要求,但在同一个系统中,如果发送端有调制/加密/编码,则接收端必须有解调/解密/译码。通常将具有调制器/解调器的数字通信系统称为数字频带传输通信系统。

数字通信系统中研究的理论与技术问题主要有信源编码/译码、信道编码/译码、数字调制/解调、数字复接、同步以及加密等。

信源编码的作用主要有两个:其一,当信息源给出的是模拟话音信号时,信源编码器将其转换成数字信号,以实现模拟信号的数字化传输;其二,设法减少码元数目和降低码元速率,即数据压缩。码元速率决定信号传输所占的带宽,而传输带宽反映了通信的有效性。信源译码主要是为了提高通信系统的有效性。

信道编码是为了克服数字信号在信道传输时,由噪声、衰耗等干扰引起的差错。信道编码器对传输的信息码元按指定规则加入监督码元,接收端的信道译码器按相应的逆规则进行解码,从而发现并纠正错误。信道编码是为了提高通信系统的可靠性。

为了通信保密,给被传输的数字信息序列加上密码,即扰乱,这种处理称为加密。在接收端利用相应的逆规则对收到的数字信息序列进行解密,恢复原来信息。

数字调制是把所传输的数字信息序列的频谱搬移到适合在信道中传

输的频带上，基本的数字调制方式有振幅键控、频移键控和相移键控等。

同步是保证数字通信系统有序、准确、可靠工作的基本条件，同步使收、发两端的信号在时间上保持步调一致，分为载波同步、码元同步（位同步）、帧同步（群同步）和网同步等。

2.数字基带传输通信系统组成模型

如果把数字频带传输系统中发送端的数字调制器和接收端的数字解调器去掉，就变成了数字基带传输系统。因此，把发送端无数字调制器并且接收端无数字解调器的通信系统称为数字基带传输通信系统，波形变换器可能包括编码器、加密器等，接收滤波器也可能包括译码器、解密器等。

3.模拟信号数字化传输通信系统组成模型

要实现模拟信号在数字系统中的传输，则必须在发送端将模拟信号数字化，即模/数转换；在接收端需进行相反的转换，即数/模转换，实现模拟信号数字化传输的通信系统组成模型。

相对模拟通信而言，数字通信具有下列优点。

抗干扰能力强：在数字通信传输过程中由于信道噪声的影响，必然会使波形失真。在接收端恢复信号时，首先要进行抽样判决，因此只要不影响判决的正确性，即使波形有失真也不会影响再生后的信号波形。而在模拟通信中，如果模拟信号叠加上噪声后，即使噪声很小，也很难消除它。数字通信抗干扰能力强，还表现在微波中继（接力）通信时可以消除噪声积累。这是因为数字信号在每次再生后，只要不发生错码，它仍然像信源中发出的信号一样，没有噪声叠加在上面。因此中继站再多，数字通信仍具有良好的通信质量，而模拟通信中继时，只能增加信号能量（对信号放大），而不能消除噪声。

差错可控：数字信号在传输过程中出现的错误（差错），可通过纠错编码（信道编码）技术来控制。

易加密：数字信号比较容易加密和解密，因此，数字通信比较容易实现保密通信。

易于与现代技术相结合：由于计算机技术、数字存储技术、数字交换技术以及数字处理技术等现代技术飞速发展，许多设备、终端接口均是数字化设施，因此极易与数字通信系统相融合。

相对模拟通信而言，数字通信主要存在下列缺点。

占用频带较宽：如一路数字电话要占用20～60 kHz的带宽，几乎是一种模拟电话所用带宽的5～15倍（一路模拟电话占用带宽为4 kHz），故数字基带信号占用较宽的频带。

系统设施复杂：数字通信中要求接收端与发送端保持严格同步，因此需要同步设施，所以数字通信系统设施比模拟通信系统设施复杂而且体积也较大。

尽管数字通信存在上述缺点，但可通过运用相应技术与措施进行补偿（如毫米波和光纤通信的出现，其工作带宽可达几十兆赫、几百兆赫，故数字通信占用频带较宽问题得以缓解）；并且基于其具有的显著优越性，故数字通信是现代通信的主流发展方向。

（四）通信系统主要性能指标

通信系统性能指标（也称质量指标）是衡量和评价通信性能（质量）优劣的技术标准，涉及通信系统的有效性（即信息传输速率高低）、可靠性（即信息传输质量好坏）、适应性（即是否适应通信环境）、经济性（即通信成本费用高低）、保密性（即通信保密程度高低）、维护性（即通信系统维护是否简便）、标准性（即通信系统相关设施是否符合国家标准或国际标准）、工艺性（即通信系统各种工艺要求难易）等诸多方面，因此性能指标很多，而“有效性”和“可靠性”是其中最重要的两个性能指标，并且这两者是一对矛盾，即提高有效性会降低可靠性，反之亦然，在实际工程设计中，依据具体情况进行完善的折中处理。

二、电力通信传输介质与损耗

狭义信道习惯上又叫作通信传输介质，它就是通信发送端到接收端之间的物理通路。通信传输介质具有导向作用，如双绞线、电缆线、同轴电缆和对称电缆均对通信起导向作用，即引导通信信号传输，其传输情形类似金属导体传输电流的情形，因此，传输过程中存在损耗。下面首先分别对双绞线和同轴电缆的机理与应用进行简要阐述（电力线和对称电缆分别同这两者类似，因此对它们不再赘述），然后分析传输损耗。

（一）电力通信传输介质

1. 双绞线

双绞线是一种广泛使用的廉价通信传输介质，它由两根彼此绝缘的导线组成,这两根导线按照一定规则螺旋形绞合在一起。双绞线这种结构能在一定程度上减弱来自外部的电磁干扰及相邻双绞线引起的串音干扰,但在传输距离、带宽和数据传输速率等方面,其仍有一定的局限性,而且随着使用频率的升高,双绞线间的串音会逐渐增大,为了保障信号质量,使用频率将受到限制。

双绞线主要用于传输模拟信号,但也适用于数字信号的传输,特别是较短距离内的信号传输。由于信号在双绞线上传输过程中,衰减比较大并会产生波形畸变,所以每传输一段距离就需要对信号进行放大。传输模拟信号时每5~6 km就需要使用放大器,传输数字信号时每2~3 km就需要使用转发器。

双绞线早已应用于电话通信中传输模拟信号,虽然语声频率范围在20 Hz~20 kHz之间,但传输可理解话音所需的带宽却要窄得多。全双工声频通道的标准带宽为300~3 400 Hz。采用频分多路复用技术,一条双绞线可以实现多个声频通道的多路复用。此外,通过调制调解器的调制,双绞线的模拟声频通道也能传输数字信号。在调制解调器的设计中采用频移键控法可使传输速率达到9 600 b/s,因此只需24条通道的双绞线就能实现总传输速率为230 kb/s。双绞线也经常用于建筑物内的局域网传输数字信号,实现计算机之间的通信,这种局域网所能实现的带宽取决于所用导线的质量、长度及传输技术。只要选择、安装得当,在有限距离内数据传输速率便能达到10 Mb/s。当距离很短且采用特殊的电子传输方法时,传输速率可达100 Mb/s。

在实际应用中,通常将多对双绞线捆扎在一起,用起保护作用的塑料外皮包裹起来制成电缆,采用这种方法制成的电缆就是非屏蔽双绞线电缆。

美国电子工业协会规定了6种质量级别的双绞线电缆,其中1类线的档次最低,6类线的档次最高。计算机网络综合布线一般使用3类、4类、5类线。各类电缆以其具有的功能与特性完成不同的工作。

1类线为电话系统中使用的基本双绞线,这类电缆只适于传输话音。

2类线为质量级别较高的双绞线电缆,这种电缆适合话音传输和最大速率为4 Mb/s的数字数据传输。

3类线为目前在大多数电话系统中使用的标准电缆,这种电缆每英尺

(1英尺=0.304 8 m)至少需要绞合3次,其传输频率为16 MHz,数据传输速率可达10 Mb/s。

4类线电缆每英尺也至少需要绞合3次,其传输频率为20 MHz,数据传输速率可达16 Mb/s,主要用于基于令牌的局域网。

5类线电缆增加了绞合密度,每英寸(1英寸=2.54 cm)至少需要绞合3次。其传输频率为100 MHz,数据传输速率可达100 Mb/s,主要用于网络中。

6类线电缆为4线对,并在电缆中有一个十字交叉中心把4个线对分隔在不同的信号区内。此外,这种电缆的绞合密度在5类电缆的基础上又有所增加,其传输频率早先为200 MHz,但目前已提高到250 MHz。

超六类线的速度最高能达到10 Gb/s,频率是500 MHz,超六类线也可以支持万兆网。

虽然非屏蔽双绞线电缆是当前很常见的通信传输介质,但它易受干扰,缺乏安全性,诸如:电缆中的双绞线易受外部环境电磁场的干扰;相邻双绞线易产生相互干扰;信息在传输过程中易被窃听等。因此,在必要时需花费额外费用进行屏蔽,通常使用金属包皮或金属网包裹双绞线,这就是屏蔽双绞线。屏蔽双绞线抗干扰能力强,有较高的传输速率,在100 m内可达155 Mb/s,但其价格较贵,需要配置相应的连接器,使用不方便。

2.同轴电缆

同轴电缆是一种用途广泛的通信传输介质,它由两个导体组成:内层导体和外层导体。内层导体由一层绝缘体包裹,位于外层导体的中轴上,或是单股实心线或是绞合线(通常是铜制的);由绝缘层包裹的外层导体或是金属包皮或是金属网,同轴电缆最外层是能够起保护作用的塑料外皮。同轴电缆外层导体不仅是电缆的一部分,而且还能起到屏蔽作用,这种屏蔽作用一方面能防止外部环境造成的干扰,另一方面能阻止内层导体的辐射能量干扰其他导线。

同轴电缆既可传输模拟信号又可传输数字信号。在长距离传输模拟信号过程中,大约每隔几千米就需要使用一个放大器,传输频率越高所用放大器个数就越多。传输数字信号时大约每千米就需要使用一个转发器,数据传输速率越高转发器的间距就越小。与双绞线相比,同轴电缆抗干扰能力强,能应用于传输频率更高、数据传输速率更快的情况,对其性能造成影响的主要因素来自衰损和热噪声，采用频分复用技术时还会受到交调噪声的影响，虽然目前同轴电缆大量被光纤取代，但它仍广泛应用于有线电视和某些局域网中。

广泛应用的同轴电缆主要有50 Ω电缆和75 Ω电缆两类。50 Ω电缆主要用于基带数字信号传输，又称基带同轴电缆，其中只有一个信道，数据信号采用曼彻斯特编码方式，数据传输速率可达10 Mb/s，这种电缆主要用于局域以太网。75 Ω电缆是CAT系统使用的标准，它既可用来传输宽带模拟信号，也可用来传输数字信号，对模拟信号而言，其工作频率可达480 MHz，若在这种电缆上使用频分复用技术，则可使其同时具有大量的信道，每个信道都能传输模拟信号，此时这种电缆也称“宽带”，若用这种电缆传输数字信号，则需为发送端安装专门的设备将准备进入电缆的数字信号调制成模拟信号，此外，还要为接收端安装能将模拟信号恢复成数字信号的设备。这些设备的效率决定了给定数据传输速率所需的带宽。

（二）电子通信传输损耗

电子通信传输过程中一般都会存在损耗，这些损耗或使模拟通信信号畸变，或使数字通信信号出错，这是影响通信传输速率与传输距离的重要原因。

1. 衰耗

通信信号在介质中传输时，有一部分能量转化成热能或者被介质吸收，从而造成信号强度不断减弱，这种现象称为衰耗。因此必须采取有效对策，否则信号在经过远距离传输后其强度会减弱到接收方无法检测和接收到的地步，为此在通信系统适当位置应设立放大器或转发器，通过这些设施增加信号强度。当然为了不使接收端电路超负荷，也不能过度放大信号强度。

在远距离通信传输系统中，信号经过一系列的电缆和设备后会出现衰耗或增益，为了便于进行各点间的比较，通常在系统中选择一个参考点，称为零传输电平点。求出用分贝表示的一个点上的增益代数和后，就可以确定该点的相对电平，其代数和的值就是该点的传输电平，而绝对电平是由信号自身决定的，因此一般参考点被认定为0 dB传输点，简称零电平点，简写为dBm0。

2.失真

通信系统接收端的信号与发送端送出的信号有差异,即通信信号波形发生了变化称为通信传输失真。失真有振幅失真和延时失真,前者主要是由传输设备和线路引起的衰耗而造成的,后者是由于信号各频率分量传输速率不同引起的。时延失真会引起码间干扰,导致误码率上升,可采用均衡器降低误码率。

三、电力通信传输方式与标准

(一)通信方式

通信如果只在点对点(或者一点对多点)之间进行,则按照通信信息传送方向与时间关系,可分为单工、半双工和全双工传输方式;按数字信号排列顺序,则可分为并行传输和串行传输。

1.单/双工方式

单工方式:是指单方向传输信息的通信方式,这种方式只占用一个信道,如广播、遥控遥测、无线寻呼等都是单工通信方式的范例;计算机通信中的主机到显示器之间以及键盘与鼠标到主机之间也是单工通信方式。

2.并行/串行传输方式

并行传输方式:是将数字序列以成组的方式在两条或多条并行信道上同时传输。并行传输的主要优点是速度快时间省,但需要传输信道多,设备复杂,成本高,不适合远距离传输。并行传输适宜于计算机等高速数字传输系统,特别适用于设备之间的近距离通信。

串行传输方式:是指数字信息序列排成一行,一个接一个地在一条信道上传输。串行传输优点是简单、易实现,成本低,长距离传输比较可靠;缺点是速度慢,需要外加同步措施。通常,远距离数字通信均采用这种传输方式。

(二)通信标准

通信标准的制定不仅涉及相关技术,而且还涉及政策法规,通信相关技术涉及通信双方或多方的技术设施,主要包括点与点以及网络之间的信息交互技术设施。因此,不仅在国内需要制定统一的通信标准,以免造成通信过程相互干扰或因通信接口不同而无法进行动作,而且需要制定国际共同遵循的通信标准。通信技术标准主要由通信相关技术标准化委员会、行业协会以及政府管理机构共同负责制定。典型的通信标准相关国际组织有国际电信联盟（ITU）、国际标准化组织（ISO）、电气电子工程师协会（IEEE）等。ITU是联合国下设机构，是各国政府间的组织，也是国际通信标准制定的官方机构，其前身是国际电报电话咨询委员会（CCITT）和国际无线电咨询委员会（CCIR），早期曾制定过全球通信行业公认的许多通信标准建议。1993年，ITU将其下属的CCITT和CCIR等组织重新组合，建立了国际电信联盟电信标准部（ITU-T）和国际电信联盟无线通信部（ITU-R）以及国际电信联盟/发展部（ITU-D）等组织机构，制定出了许多新的通信标准（ITU-T制定的标准称为“建议书”），保障了世界各国网互联与运营，已被广泛采用。国际标准化组织（ISO）创建于1947年，现有165个成员国，该组织致力于制定国际标准，促进科技发展。网络通信的开放系统互连7层模型即为其杰作。IEEE为世界最大工程师社团组织，其在通信领域完成的典型杰作有802.3、802.4、802.5（即802项目）标准。

通信相关政策法规主要涉及各国政府相关部门和管理机构，其对通信运营最关键的影响是“准入”，因为任何国家的通信业务均会受到该国政策法规的制约。如当前国内骨干网和接入网的运营资格均被严格控制，今后的发展趋势是通信业务运营将会逐步放松管制，尤其是增值通信业务运营将会放宽管制，而话音通信业务、网络基础电信等业务运营仍将会受到严格管制。

第二节 电力通信的进展与动向

一、电力通信的进展

电力系统通信早在20世纪20年代初期就已实现，但其商业运作主要是以电力线载波通信PLCC（powerline carrier communication）为代表的通信应用。PLCC是电力系统特有的通信方式，它利用坚固可靠的现有电力网作为载波信号传输信道，因此具有传输可靠、路由合理等特点，并且是唯一不用传输信道投资的有线通信方式①。电力系统通信经过几十年来的进展，已从电子通信方式发展到现代光电子通信方式。

(一)电力通信进展历程与主要问题

如上所述，PLCC作为电力系统通信的经典代表，经历了几次更新换代：从分立设施到集成设施、从单一功能到多功能、从模拟信号到数字信号的变革。

20世纪初期，PLCC使用频分复用技术和模块化结构的模拟式载波机，选用单边调制方式，采用高稳定度锁相环频率合成型载供系统，能很容易地得到收/发信所需的各种载频，而无须更换器件便可切换高频收发滤波器和信道滤波器，并且切换频段也很简单，具有多功能化、通用化和系列化的特点；但这种PLCC只提供单工通信传输方式，载波工作频率为40～500 kHz，外加专用调制解调器实现数据通信。这一时期PLOC存在的主要问题是：模拟通信固有的通信质量差、通信容量小、传输速率低等。

针对这些问题，PLCC进行了更新换代，其关键技术进行了变革，采用了数字信号处理DSP(digital signal processing)技术的准数字式载波机，并用DSP方式进行模拟调制、滤波和自动增益控制。由于DSP的应用，提高了PLCC的性能，通信速率可达4.8 kb/s，但是PLCC的运作模式仍然是模拟式的。因此，PLCC进一步改进的目标十分清楚，即采用完全数字式载波机，并且采用DSP对通信信号进行处理，于是使得PLCC性能更进一步优化。

由于电力网是根据输电要求设置的，而不是按照通信需求设置的，因此PLCC存在很多问题，其中最为突出的难题有两个：一个是噪声干扰(主要是电晕噪声干扰和脉冲噪声干扰)；另一个是通信信号衰耗很快。电晕噪声(又称随机噪声)是在中压(1～100 kV)和高压(100 kV以上)电场作用下电力线对周围空气产生游离放电以及绝缘子表面与内部放电引起的噪声。电晕噪声的频谱连续均匀，类似白噪声，其大小同电力网电压与电力线粗细以及电力线周围环境相关，电压越高，电力线越细，电晕噪声越大；电力线周围环境湿度增大也会使电力线电晕放电和绝缘子放电加剧，即使电晕噪声增大。脉冲噪声主要是由电力线路开关动作、避雷器放电、线路

①施沩．低压电力线宽带载波高速通信关键技术研究及工程应用[D]．南京：东南大学，2019:21-22.

短路以及雷电侵袭等原因引起的瞬时噪声，脉冲噪声在高压电网、中压电网和低压（1 kV 以下）电网中均会存在，另外，电气装置接点接触不良也会产生脉冲噪声。通常脉冲噪声持续时间很短、对话音通信影响较小，但对高速运动信号和远程保护信号的影响很大。

PLCC 信号衰耗程度一般会随通信距离增长而加剧。天气条件对高压 PLCC 也有影响，如果电力线绝缘良好，则影响较小，否则影响较大，尤其是天气寒冷地区，电力线上的霜雪将会导致 PLCC 信号衰耗显著加大。低压 PLCC 信号衰耗比较复杂，一般而言，其衰耗与频率和相位有关，频率增高，衰耗增大。此外，由于低压电网直接面向用户，负荷变化复杂，各节点阻抗不匹配，PLCC 信号会产生反射、谐振等现象，这也会使衰耗加剧，可见，低压 PLCC 要克服的难题更大。

（二）电力通信现实状况与关键技术

由于 PLCC 具有许多优势，因此吸引了世界众多专家学者和相关人员对它进行研发，从而推动和促进了 PLCC 的发展。为了彻底攻克如上所述低压 PLCC 的技术难关，行家们正在力图将先进的 DSP 运用到 PLCC 中。高压 PLCC 技术成功地突破了“仅限于单片微计算机应用”的限制，率先进入到全数字化 PLCC 时代。在全数字 PLCC 中，运用先进的话音压缩编码技术（如码本激励线性编码技术、矢量和激励线性预测编码技术、多带激励编码技术等），对话音信号进行压缩编码，降低输入信号冗余，从而提高频带利用率后与数据信号进行数字复接，因此效果优良。在全数字 PLCC 中，运用先进的自适应回波抵消技术，完善地实现了双向通信；运用先进的自适应信道均衡技术，减小了信道对通信的影响，从而提高了可靠性。美国 AT&T 公司贝尔实验室运用高通码激励线性预测编码技术推出的超大规模单片声码器 Q4401，编码速率为 600 ~ 800 b/s，并且可调，速率为 9 600 b/s 的话音质量甚至优于速率为 32 kb/s 的自适应差分脉码调制编码的话音质量，通话质量相当优良。中国宏图高科研制的新一代全数字 PLCC 载波机采用先进多频段激励技术，通话质量也很优良。当今 PLCC 调制方法的理论研究已从早期的模拟调制法转移到数字调制法，目前所用的传统频带传输方法（如幅移键控法、频移键控法、相移键控法）的 PLCC 日趋成熟，其研究热点是三种具有高抗干扰性的数字调制方法，即多维网格编码方法、扩频通信方法和正交频分复用方法。

运用先进的格形编码方法来提高PLCC的可靠性与有效性大有作为，即把编码方式与调制方式有机结合，将冗余度映射到同频谱展宽不发生直接联系的调制信号参数扩展中，例如，信号空间矢量点数扩展中或信号星座数扩展中。而最佳的编码调制系统应按编码序列欧几里得距离为调制设计的量度，这必须将编码器和调制器作为一个整体进行综合设计，使编码器和调制器级联后产生的编码信息具有最大欧几里得距离。尤其值得关注的是：多维格形编码方法运用子集分割思想，并通过维数扩展来减小需要存储的星座点数，以获得更高的映射增益和编码增益以及更好的抗干扰性能，因此多维格形编码方法特别适合PLCC系统，现今国内外许多PLCC中所用的高速调制解调器，其核心技术就是多维格形编码调制技术。

运用先进的扩频通信方法能进一步提高PLCC的可靠性，是低压PLCC进展的重要方向之一。扩频通信方法的基本原理是运用伪随机编码将要传送的信息数据进行调制，把频谱扩展后进行传输；而在接收端则采用同样的编码进行解调及其相关处理。此方法实质上是以牺牲频带为代价，通过降低信噪比来提高可靠性。扩频通信优良的抗干扰性能为低压PLCC这样恶劣的信道环境提供了可靠的运作保障，而且扩频通信还可进行码分多址工作，实现不同低压配电网上不同用户的同时通信。扩频通信方法主要有直接序列扩频法、跳频法、跳时法、线性调频法以及这些方法的多种组合。目前扩频通信在低压PLCC中的应用研究已经取得初步成功，Intellon公司推出了用于低压配电网的扩频芯片；中国清华大学也研制成功了基于扩频技术的低压配电网实验平台，能通过220 V/50 Hz低压PLCC实现两台计算机之间的文件或数据传输，其传输速率可达到10 kb/s。

运用先进的正交频分复用方法，把频域信道分成许多正交子信道，并且使各子信道载波之间保持正交，频谱相互重叠，于是减小了信道之间的相互干扰，提高了频谱利用率。同时由于各子信道信号带宽远小于父信道信号带宽，因此，各子信道相对平坦，大大减小了符号之间的干扰，也使信道均衡得以简化。Intellon公司基于正交频分复用的PLCC研发取得了突破性进展，其组网试验数据传输速率可达14 Mb/s（频带为4.3 ~ 20.9 MHz；载波84路）。正交频分复用研究重点主要是如何分配子信道的数目以及如何保持子载波之间的正交性。保持子载波之间正交性对正交频分复分性能至关重要，尤其是对接收机中同步问题处理特别重要。目前，正交频分复用在全数字PLCC中的研发方兴未艾，硕果累累。

二、电力通信的动向

过去PLCC主要利用高压电网作为传输信道进行话音通信和运动信号控制等应用，因此，应用范围窄，而且传输速率低。经过几十年的研发，当今PLCC正在向大容量、高速率宽带化方向进展，并且同时面向高压电网、中压电网、低压电网PLCC进行研发，而且还利用低压电网拟实现“家庭组网、家庭通信、家庭插座、即插即用”。

（一）电力通信发展趋向

当前PLCC已发展到全数字化时代，如何利用先进的DSP等相关技术推进PLCC的发展，有诸多课题需要研究与实现。未来的PLCC要实现通信业务综合化、传输能力宽带化、网络管理智能化，并且要能实现同远程网络的无缝连接，至少要进一步研发与实现下列三个方面的课题。

硬件设施平台：主要包括PLCC通信方式方法及其通信网络结构优化选择方案等。另外，扩频方法、正交频分复用方法和多维格形编码方法各有千秋，这三种方法到底哪一种最适合低压PLCC，尚有待研究与证实。当然也可采用软件无线策略为这三种方法提供一个统一平台。由于电力网格结构非常复杂，并且网络拓扑千变万化，如何优化PLCC网络结构也是值得进行研发的课题。

软件设施平台：主要包括PLCC理论方法与实现技术的进一步研发，信号处理方法与技术、调制方法与技术以及编码方法与技术的改进，以适应PLCC特定环境。此外，自适应信道均衡方法与技术、回波抵消方法与技术、自适当增益调整方法与技术等都在低压PLCC运用中至关重要，均需进一步研发。

网络管理平台：除了上网、通电话外，低压PLCC还可用作远程自动读出水表数据信息、电表数据信息、气表数据信息；还可用作永久在线连接，构建防盗、防火、防毒气泄漏等保安监控系统以及构建医疗急救系统等。因此，利用电力网可以传输数据、话音、视频和电能，实现“四网合一”，也就是说，家用电器均可接入到网络中，同骨干网相连接。但是，如何实现“四网”无缝连接以及由此带来复杂庞大的网络管理问题，显然需要进一步深入研究。

（二）电力通信前景展望

显然PLCC不是近来新技术，然而如何将其用于家庭通信，为人们提供所需的便利通信手段，一直是人们努力追求的目标之一，如通话、聊天、电视会议、多人游戏等实时信息交流；电子邮件、文件共享、浏览新闻等所需信息获取；音乐、电视、电影、视频点播等多媒体服务；电子付费、电话银行、家庭股票、网上购物、商品展示与广告等金融消费等。如何将PLCC用于居室管理也是人们努力追求的目标之一，如家用电器设备网络管理，进一步实现智能化、自动化、系统化、信息化（能从互联网下载食谱的微波炉已经商化）；安全防范（保安、报警、监视等）电子装置；远程抄表设施等。

由于PLCC的主要难题是交流噪声损害通信信息以及通信信号的衰耗（减），近年来，这些难题已逐步有了对策。参照开放系统互连参考模型，采用三层分层设计方案，以最优化设计克服PLCC“恶劣环境”；采用高度集成芯片组件能容易地实现简化的“三层”体系结构：底层包含物理层、低层链路协议和媒体访问控制子层，可补偿PLCC任何“危急”状态；二层为数据链路控制；最高层为应用层。过去PLCC采用调制解调器来调制50～500 kHz的载波频率，并运用频移键控或幅移键控。当电器的插头插入或拔出电源插座时，这类PLCC的调制解调器需要经常调整，以调节信号的噪声和频率衰减。一般而言，扩频方法具有良好的抗电力噪声与衰减而导致的同步问题。在物理层中采用独特的扩频方法提供快速同步，使PLCC运用高速、可靠，并使数据信息以连续序列的比特传输于短帧之中。物理层也介入快速的均衡作用使接收信号所受到的电力噪声和频率衰减得以补偿。低层链路协议之所以能使多节点PLCC可靠地运行，在于它有三项关键的特性：一是该链路协议将用户发出的长信息包拆成较短的电力线帧，对于PLCC传输而言，短帧非常必要，因为传输越长，所受损伤越大；二是该链路协议提供了可靠的检错与纠错功能，收帧时就对其中数据信息检测并确定应重发的帧；三是该链路协议提供自适应均衡，因为PLCC的噪声和衰减速率很快，若不及时补偿，信号就将丢失。媒体访问控制子程序采用媒体访问控制算法（专用线所用的媒体访问算法不能移用到电力线）。然而令牌传递比较适合于PLCC。噪声与信号的区分在PLCC中是比较困难的，但令牌传递可在噪声环境下保障节点之间“握手”的可靠传送而不致丢失令牌。由于每一节点的位置各不相同，因此各节点在不同噪声与衰减情况下“听”传输,故有可能某些站点遗失一次传输,而另一些站点则“听”传输。在令牌传递中,节点未获得令牌之前是不能传输的,所以任一节点传输时其他各节点不可能发送。

综上所述,PLCC不仅提供了实用的新兴通信手段,而且具有现有物理链路,并且具有容易维护、容易推广、容易使用、成本低廉等优点,尤其是给居民家庭提供高速互联网接入而不像其他的信息服务处理设施那样需要巨大的物理硬件结构投资,显示出其良好的前景和可观的市场潜力,然而PLCC技术研发应用是一个系统工程,不可能在短时间内完全解决。尽管PLCC具有这样和那样的优势,但至今仍未大规模商化运作,其原因是多方面的,主要原因:一是法律上和认识上的,世界各国没有建立广泛认可的PLCC技术标准,因此支持的生产厂家较少,并且没有立法允许在电力网上经营互联网服务和电信服务;二是服务上的,PLCC的速率和服务质量还不稳定,没有达到高质量电信服务水准;三是技术上的,各国电力网差别较大,各电器插座规范也不尽相同,这给PLCC宽带接入的普及带来很大困难,因此需要在世界各国电力网中完善PLCC相关规范与技术;四是面对比较成熟光纤通信网用作骨干网的现实挑战,PLCC还得寻求或另辟市场蹊径。

第三节 电力通信编码方法

电力通信编码通常分为信源编码和信道编码,前者主要目的与任务是消除信源信息符号之间分布不均匀性和相关性,减少冗余,提高效率,即对信息之源(信源)输出符号序列的统计特性寻找合适方法,将其输出符号序列变换为最短的码字序列;而后者则在信息序列上附加一些监督码元,即利用这些冗余的码元,使原来不太规则的信息变为规范的信息。

一、信源编码

信源编码有两个基本目标:其一,解除相关性,即使信息序列尽量相互独立;其二,概率均匀化,即使各信息符号出现的概率尽量相等[①]。

①卢小宾,朱庆华,查先进,等.信息分析导论[M].武汉:武汉大学出版社,2020:86-87.

（一）信源编码定义

信源编码就是将信源符号及其序列变换成指定的代码。由于大多数信道为二元信道，将信源X通过一个二元信道传输，就必须把信源符号X变换成1和0符号组成的码符序列，这也就是信源编码。信源编码按其特性可分成以下6种形式。

定长编码：长度固定的编码，在这类码中所有码字的长度都相同。

变长编码：长度可变的编码，这类码的码字长短不一。

非奇异编码：信源符号同码字一一对应的编码。

奇异编码：信源符号和码字不是一一对应的编码。

唯一可译码：任意有限长码元序列，只能被唯一地分割成一个个码字的编码。

即时码和非即时码：它们都属于唯一可译码。如果接收端收到一个完整的码字后，不能立即译码，还需等下一个码字开始接收后才能判断是否可以译码，这样的码为非即时码；而当收到一个完整码字时便立即译码则称为即时码。

（二）编码方式

信源编码方式较多，下面介绍几种常用的典型信源编码方式。

1.哈夫曼编码

哈夫曼（Huffman）于1952年提出了一种统计压缩变长编码方法，可对指定的信源熵给出最短平均字长，并且能将欲编码的字符用另一套不定长的编码来表示，基本原理是：按照概率统计结果，将出现概率高的字符用较短的编码来表示，把出现概念低的字符用较长的编码来表示。编码压缩性能由压缩率来衡量，它等于每个取样值压缩前的平均比特数与压缩后的平均比特数之比。由于编码的压缩性能与编码技术无关，而与字符集的大小有关，因此，通常将字符集转化成一种扩展的字符集，这样采用相同的编码技术就可获得更好的压缩性能。哈夫曼编码可用于任意两个字符集，现以一个任意输入字符集到一个二进制输出字符集的编码转换过程为例来说明，哈夫曼编码过程类似于树型生成过程。首先列出输入字符集及其概率（或相对频率），并以降序排列，这些列表项相应于树枝末端，每个分支都标注了等于该分支概率的分支权值。然后开始生成包含这些分支的树，将最低概率的两个分支合并（在分支节点处），形成一个新分支，并标注上两个概率之和；每次合并后，将新的分支和剩下的分支重新排序，以保证减少的列表概率递降性，这种排列方法称为冒泡法。在每次合并后的重排中，新的分支在列表中不断上升，直到不能上升为止。因此，如果形成一个权值为0.2的分支，在冒泡过程中发现其他两个分支的权值也是0.2，则新的分支将被冒泡到权值为0.2的分支组顶端，而不是简单地加入。

2. 香农-范诺编码

香农-范诺（Shannon/Fano）编码方法是将信源输出编成瞬时码的方法，该方法易于应用并且效率较高。设待编码的一组信源输出已经给定，先将信源的这些输出按照出现概率不增大的次序排列，然后将这组输出划分成两组（用A.A标出），使每组中的概率尽可能相等，并将“0”分配给上组，“1”分配给下组。如此进行下去，每次划分都使概率尽可能相等，直至不能再划分为止。若每次划分都能给出等概率的分组，则这种方法能给出100%效率的编码；否则，效率将小于100%。

3. 话音压缩编码

将模拟信号变换成数字化形式是现代通信的重要标志。对话音信号的模/数变换叫话音编码，对图像信号的模/数变换叫图像编码，两变换原理基本相似。话音编码的基本目标就是在给定编码速率的条件下如何获得高质量的重建话音；或者说在给定重建话音质量的条件下，如何降低编码速率，在此意义上也称为话音压缩编码。降低话音编码速率的基本依据和途径是基于话音信号本身的冗余度及人耳听觉特性。衡量话音压缩编码性能的主要指标是话音编码质量、编码速率、编码算法复杂程度和编解码时延。这些指标要求往往是互相矛盾的，必须根据实际情况权衡。

话音压缩编码方法多种多样，归纳起来可分为三大类，即波形编码、参量编码和混合编码。话音信号波形编码力图使重建话音信号波形保持原话音波形，这种编码器将话音信号作为一般波形信号处理，因此具有适应能力强、重建话音质量好等优点，但所需的编码速率高。脉冲编码调制、自适应增量调制、自适应差分脉码调制、自适应预测编码、子带编码、自适应变换编码等都属于话音波形编码。对于3.4 kHz电话带宽的话音，取样频率为8 kHz，它们分别在64～16 kb/s的速率上能给出很高的重建话音质量，而当速率进一步降低时，其性能明显下降。话音信号的参量编码（或称声码化编码）通过对话音信号特征参数的提取及编码，力图使重建话音信号具有尽可能高的保真性，即保真原话音，然而重建话音信号的波形同原话音信号的波形可能会有相当大的差别。在提取话音特征参数时，这种话音编码方法往往利用某种话音生成模型，在幅度谱上逼近原话音。参量编码的优点是编码速率低，在1.2～2.4 kb/s甚至更低的速率上能给出保真度很好的合成话音，缺点是合成话音自然度不够好、抗背景噪声能力较差。通道声码器、共振峰声码器、同态声码器以及线性预测声码器都是典型的话音参量编码器。正弦变换编码、多带激励编码、混合激励线性预测编码等声码器在性能上有明显提高，在低速率上能够给出比较满意的重建话音质量。混合编码器或新一代声码器除利用声码器的特点（利用话音产生模型提取话音参数）及波形编码器的特点（优化激励信号使其达到与输入话音波形的匹配）外，还利用感知加权最小均方误差准则使编码器成为一个闭环优化系统，从而在较低的比特速率上获得较高的话音质量。这类编码器既克服了原波形编码和参量编码的弱点，又保留了它们的长处，这类编码方法能在4～16 kb/s中低速率上给出高质量的重建话音。多脉冲线性预测编码、规则脉冲激励线性预测编码、激励线性预测编码就属于这类新型编码器。

压缩编码又分为两种：一种叫作中速率压缩编码，编码速率为4.8～16 kb/s，这种编码话音质量较好，能达到常用数字电话通信的中等质量要求，其清晰度很高，自然度能达到基本要求，保真度有少许失真，目前，这种编码广泛应用于地面蜂窝移动通信、VSAT卫星通信、军用通信及一些专业用户的通信系统。另一种叫作低速率压缩编码，编码速率可从100 kb/s左右到4.8 kb/s。这种编码技术又叫声码器技术，较难从声音辨听出讲话人声音的特点，并且它和话音特征有较大关系，不同人讲话，质量不同。研究表明：话音编码的极限压缩率为80～100 kb/s，只能传送语句内容，讲话人的音质和情绪等信息均丧失了。

蜂窝电话由于系统的可用带宽有限，编码速率不能太高，因而对话音质量和延时的要求略宽，一般只达到通信等级。声码器在保密电话通信方面也得到了广泛的应用。混合激励线性预测声码器，其通信质量较好，只是话音仍有较重的合成感。

话音压缩编码的理论与技术内涵丰富，下面着重论述一些常用的编码方法。

（1）矢量量化编码

矢量量化又称多维量化，是一种非常重要的信号压缩编码方法，其同一维（标量）量化差别在于它不是对单个取样进行量化，而是将一组取样（矢量）作为一个整体进行量化。矢量量化既可用于波形编码，也可用于参量编码，是一种既能高效压缩码率又能确保话音质量的编码方法，广泛用于话音信号压缩和图像信号压缩等方面。矢量量化的基本方法就是将若干个标量数据构成一个矢量，并在矢量空间中量化。为压缩比特率，当矢量被量化后，并不传送其本身，而是传送它的一个序号，为实现此目的，只需预先存储若干个典型数据矢量（码矢量），给每个码矢量分配一个序号或代码，这种表示码矢量与序号之间关系的表称为码本。每当编码时，输入数据矢量在预定时间内同每个码矢量比较，把同数据矢量最相似的码矢量所对应的序号作为输入数据编码发送。接收端则利用与发送端相同的码本，找到与传输序号对应的码矢量，连同源信息一起重建话音信号。

（2）码激励线性预测编码

这是一种广泛使用的话音压缩编码方法，其融合线性预测、矢量量化、感觉加权、综合分析等技术，在 4 ~ 16 kb/s 的中低速率上，使电话带宽话音编码得到优良的编码质量。此编码器的工作原理同线性预测编码模型类似，其模型中也有激励信号和声道滤波器，但它的激励信号不再是线性预测编码模型中的二元激励信号。常用的码激励线性预测编码模型中，激励信号来自两个方面：自适应码本（又称长时基音预测器）和随机码本。自适应码本用来描述话音信号的周期性（基音信息），固定的随机码本则用来逼近话音信号经过短时和长时预测后的线性预测余量信号。

（3）多带激励编码

由于大多数话音段都含有周期和非周期两种成分，因此很难说某段话音是清音还是浊音。传统线性预测声码器，采用二元模型，认为话音段不是浊音就是清音，浊音段采用周期信号，清音采用白噪声激励声道滤波器合成话音，这种话音生成模型不太符合实际话音特点。实际上，人耳听到声音的过程是对话音信号进行短时谱分析的过程，可以认为人耳能够分辨短时谱中的噪声区和周期区，因此，传统声码器合成的话音听起来合成声重，自然度差。这类声码器还有其他一些弱点，例如，基音周期参数提取不准确、话音发声模型同有些音不符合、容忍环境噪声能力差等，这些都是影响合成话音质量的因素。多带激励话音编码方法，首先将话音谱按基音谐波频率分成若干个带，对各带信号分别判断是属于浊音还是属于清音，然后分别采用白噪声或正弦产生合成信号，最后将各带信号相加，形成全带合成话音。在分析过程中采用了类似于综合分析的方法，提高了话音参数提取的准确性，在1.2～4.8 kb/s速率上能够合成出具有较好自然度的话音和较强的容忍环境噪声的性能。话音信号经过高通滤波、低通滤波及加窗处理后提取基音周期的粗估值，然后在粗估值的周围进行细搜索，找到基音周期的准确值，这样做可减小运算量。得到基音周期准确值后，根据此值计算各带拟合误差，判断各带是属于浊音区还是清音区，并计算出各谐波的谱幅度值。最后将这些参数量化编码传送给解码器，解码器将浊音带的各谐波采用正弦信号激励并在时域合成；清音带则采用白噪声激励并在频域合成，再经过逆快速傅里叶变换成时域信号，并将它们相加，从而形成完整的合成话音。

多带激励声码器可以在1.2～4.8 kb/s的速率下得到较好的话音质量，而且抗干扰能力较强，噪声环境下的话音质量不会严重恶化，许多卫星移动通信系统中使用的都是这种声码器。

(4)混合激励线性预测编码

混合激励线性预测编码方法是：首先，将话音分为“清”和“浊”两大类，这里的清音是指不具有周期成分的强清音，其余的均划为浊音，用总的清/浊音判决表示；其次，把浊音再分为浊音和抖动浊音，用非周期位表示。

在对浊音和抖动浊音的处理上，这种编码方法利用了多带激励编码方法的分带思想，在各子带上对混合比例进行控制。这种方法简单有效，使用的比特数也不多。另外，在周期脉冲信号源的合成上，这种编码方法要对线性预测编码方法分析的残差信号进行傅里叶变换，提取谐波分量，量化后传到接收端。用于合成周期脉冲激励，这种编码方法提高了激励信号与原始残差的匹配程度。混合激励线性预测编码的参数包括线性预测编码的参数、基音周期、模式分类参数、分带混合比例残差谐波参数和增益，在其参数分析部分，话音信号输入后要分别进行基音提取、子带分析、线性预测分析和残差谐波谱计算。这种编码方法的话音合成部分仍然采取线性预测编码合成的形式，不同的是激励信号的合成方式和后处理。这里的混合激励信号为合成分带滤波后的脉冲与噪声激励之和，脉冲激励通过对残差谐波谱进行离散傅里叶反变换得出，噪声激励则在对一个白噪声源进行电平调整和限幅之后产生，两者各自滤波后叠加在一起形成混合激励。混合激励信号合成后经自适应谱增强滤波器处理，用于改善共振峰的形状。随后，激励信号进行线性预测编码合成得到合成话音。混合激励线性预测编码方法具有良好的合成话音质量和较强的抗噪性能。它是一种较为理想的低速率话音编码方法。

4.图像压缩编码

（1）图像压缩编码原理

模拟图像信号经脉冲编码调制后，再经压缩编码器、信道编码器送至传输信道；在接收端则完成逆过程。图像的压缩编码是依据图像信号本身在结构上和统计上存在冗余度和人类视觉性进行的。

图像信号固有的统计特性表明：相邻像素之间、相邻行之间和相邻帧之间都存在较强的相关性。利用某种编码方法在一定程度上消除这些相关性，便可实现图像信息的数据压缩。此过程也就是尽量去掉那些无用的冗余信息，属于信息保持（保持有效信息）的压缩编码。另一方面，图像最终是由人眼（或经过观测仪器）来观看的。根据视觉的生理学和心理学特性，可以允许图像经过压缩编码后所得到的复原图像有一定失真，只要这种失真视觉难以察觉。这种压缩编码属于信息非保持编码，因为它使图像信息有一定程度的丢失。这样，既实现图像信息的数据压缩，又可使主观视觉上看不出经过压缩编码处理后复原图像的区别。显然，用了信息非保持编码比起仅用信息保持编码，有更多的数据压缩。

（2）图像压缩编码类型

虽然图像包含有大量的信息，但图像信息是高度相关的。一幅图像内部以及视频序列中相邻图像之间存在大量的冗余信息，如果能够去掉这些冗余信息，便可实现图像压缩。常见冗余信息类型有空间冗余、时间冗余、信息熵冗余、知识冗余、视觉冗余、结构冗余。实现图像压缩的方法很多，对这些方法的分类也多种多样。

依据恢复图像的准确度，图像压缩编码方法可分为三类：信息保持编码、保真度编码、特征提取编码。根据实现方式，图像压缩编码可分为三类：概率匹配编码、变换编码、识别编码。图像通信中主要应用的是变换编码，包括帧内和帧间预测变换以及去除空间和时间上的相关性。函数变换也能将图像间的相关性大量去掉，因而其压缩效率很高，并且有很多函数变换及快速算法，适合实时处理。许多新的方法也不断出现，诸如分形编码、模型基编码、神经网络以及小波编码等。为获得最佳压缩编码效果，往往多种方法兼用，或以某种方法为主而融入其他方法。

二、信道编码

信道编码又称差错控制编码、可靠性编码、抗干扰编码或纠错编码，是提高数字通信传输可靠性的有效方法之一。

在数字通信传输过程中，加性噪声、码间串扰等都会产生误码。为提高通信系统的抗干扰性能，可加大发射功率，降低接收设备本身的噪声，还可合理选择调制和解调方法等，此外，还可采用优化的信道编码技术。

（一）编码原理

如前所述，信源编码是去掉信源的多余度；而信道编码则是加入多余度。具体而言，即在发送端的信息码元序列中，以确定的编码规则，加入监督码元，以便在接收端利用该规则解码（译码）并且发现错误，纠正错误。可见，信道编码是以增加码元，利用冗余来提高抗干扰能力的，即以降低信息传输速率为代价来减少错误。

利用信道编码进行差错控制的方式通常有三种：前向纠错、检错重发和混合纠错。在前向纠错系统中，发送端经信道编码后可以发出具有纠错能力的码组；接收端译码后不仅可以发现错误码，而且可以判断错误码的位置并予以自动纠正。可见，前向纠错编码需要附加较多的冗余码元，从而影响数据传输效率，同时其编译码设施比较复杂，但因不需反馈信道，实时性较好，在单工信道中普遍采用。在检错重发方式中，发送端经信道编码后可发出具有检错能力的码组，接收端收到经检测后，若发现有错误，则通过反馈信道把这一检测结果反馈给发送端，然后，发送端把该信息重新发送一次，直到接收端认为已经正确为止。常用的检错重发系统有三种，即停发等候重发、返回重发和选择重发。

停发等候重发系统的发送端在某一时刻向接收端发送一个码组，接收端收到并检测后若未发现传输错误，则发送一个认可信号给发送端，发送端收到此信号后再发下一个码组；如果接收端检测出错误，则发送一个否认信号，发送端收到否认信号后重发前一个码组，并再次等待认可或否认信号。这种方式效率不高，但比较简单，在计算机数据通信中仍在使用。在返回重发系统中，发送端无停顿地送出一个又一个码组，不再等待认可信号，一旦接收端发现错误并发回否认信号，则发送端从下一个码组开始重发前一段N组信号，N的大小取决于信号及处理所带来的延迟，这种系统比停发等候重发系统有很大的改进，在许多数据传输系统中得到应用。在选择重发系统中，发送端也是连续不断地发送码组，接收端发现错误发回否认信号。与返回重发系统不同的是，发送端不是重发前面的所有码组，而是只重发有错误的码组。显然，这种选择重发系统传输效率最高，但控制最为复杂。此外，返回重发系统和选择重发系统都需要全双工链路，而停发等候重发系统只需要半双工链路。

综上所述，检错重发的主要优点为以下几点：①只需要少量冗余码，就可得到极低的输出误码率。②检错码基本上与信道统计特性无关，有一定的自适应能力。③与前向纠错相比，信道编译码的复杂性低得多。

检错重发的主要缺点为：①需要反向信道，故不能用于单向传输系统，并且重发控制比较复杂。②当信道干扰增大时，整个系统有可能处在重复循环之中，因而通信效率低。③不太适合要求严格的实时传输系统。

混合纠错方式是前向纠错方式和检错重发方式的结合。此系统接收端不仅具有纠错能力，而且对超出纠错能力的错误有检测能力。遇到后一种情况时，系统可以通过反馈信道要求发送端重发一遍。混合纠错方式在实时性和译码复杂性方面介于前向纠错和检错重发方式两者之间。

现以分组码为例来说明信道编码检错和纠错的原理。

分组码一般可用(n,k)形式表示，其中k是每组二进制信息码元的数目，n是编码码组中总的码元数，又称为码组长度，简称码长。$n-k=r$为每个码组中监督码元数目。简言之，分组码就是对k位长的每段信息组以一定的规则增加r个监督元，组成长为n的码字。在二进制情况下，共有2^k个不同的信息组，可得到2^k个不同的码字，称为许用码组，其余(2^n-2^k)个码字未被选用，称为禁用码组。在分组码中，非零码元数目称为码字的汉明(Hamming)重量，简称码重。例如，码字10110，码重$W=3$。而两个等长码组之间相应位取值不同数目称为这两个码组的汉明距离，简称码距。例如11000与10011之间的码距$d=3$；码组集任意两个码字之间距离最小值称为最小码距，用d_0表示。最小码距是码的一个重要参数，它是衡量信道编码检错纠错能力的重要依据。下面以重复码为例来阐述纠错码能够检错或纠错的基本原理。

如果分组码码字中的监督元在信息元之后，而且是信息元的简单重复，则称该分组码为重复码。这是一种简单实用的检错码，并有一定的纠错能力。例如，(2,1)重复码，两个许用码组是00与11，$d_0=2$，接收端译码，出现01，10禁用码组时，则可发现有1位错码。若是(3,1)重复码，两个许用码组是000与111，$d_0=3$，当接收端出现2个或3个1时，则判为1；否则判为0。此时，可以纠正单个错误。

综上所述，码的最小距离d_0直接关系着信道编码的检错和纠错能力。任一(n,k)分组码，若要在码字内：①检测e个随机错误，则要求码的最小距离$d_0 \geqslant e+1$。②纠正t个随机错误，则要求码的最小距离$d_0 \geqslant 2t+1$。③纠正t个同时检测$e(e>t)$个随机错误，则要求码的最小距离$d_0 \geqslant t+e+1$。

（二）编码效率

信道编码提高通信系统的可靠性是以降低有效性为代价换来的，如用编码效率R来衡量有效性，则$R=k/n$，式中：k为信息元的个数；n为码长。

对纠错码的基本要求是：检错和纠错能力尽量强；编码效率尽量高；编码规则尽量简单。实际工程中要根据具体要求，既要考虑一定的纠错与检错能力和编码效率也要研究易于实现。

（三）编码分类

在通信系统中，信道编码有多种形式，并且也有多种分类方法：①依信道编码各码组信息元和监督元的函数关系，信道编码可分为线性码和非线性码。如果函数关系是线性的，即满足一组线性方程式，则称为线性码；否则为非线性码。②依上述关系涉及的范围，可分为分组码和卷积码。分组码的各码元仅与本组的信息元有关；卷积码中的码元不仅与本组的信息元有关，而且还与前面若干组的信息元有关。③依码的用途，可分为检错码和纠错码。检错码以检错为目的，不一定能纠错；而纠错码以纠错为目的，一定能检错。④依信道编码组中信息元是否隐蔽，可分为系统码和非系统码。若信息元能从码组中截然分离出来，则称为系统码；否则称为非系统码。

第二章 电力系统常用通信方式

第一节 音频电缆

一、简述

利用音频电缆作为通信信道，在抗干扰和稳定性方面较理想。通常是调度所与近距离发电厂、变电站之间的主要通信方式，具有投资小、维护简单等特点。

二、音频电话通信的基本原理

电力系统专用通信网中，传送的信号主要是数据和电话信号①。下面以电话信号为例介绍音频通信的原理。

两部电话机，分别装在两地，中间用通信线路连接起来，就构成了一个音频通信系统。当话机A与话机B通话时，A发出的话音电流功率为P_1（1 mW），B接收的电流功率为P_2（1 μW），为保证良好的通信效果，通信线路能允许的最大衰耗是有限的。

一般来说，两个用户话机之间的线路衰耗，对于频率为800 Hz的最大值不应超过30 dB。实际上，通信电路的用户话机之间，除通信线路衰耗外，还有因交换设备、中继线路、用户环节等产生的衰耗。故衰耗应作一定的分配。实际上允许通信线路上的衰耗仅为12 dB。

三、二线制音频长途通信

为延长通信距离，可以在通信线路中接放大器，但一般放大器只能单方向放大信号，而电话通信的音频信号总是双方向传输的，因此只有用两个放大器按相反方向连接，才能实现双向放大。

①王均．电力通信综合网系统的优化设计与实现[J]．电子设计工程，2018，26(24)：121-125.

如果简单地将两只放大器和通信线路连接起来,在两个放大器的环路之间将构成一个正反馈回路,使电路产生振荡(振鸣),通信无法正常进行。为此,在两个放大器和通信线路连接处,插入一个差接系统。差接系统的特性是,对面的两对端子间具有很大的衰耗,而相邻的两对端子间衰耗较小。差接系统消除了振鸣。

可见,只要在通信线路中均匀地接入音频增音机,就可延长通信距离。采用一对通信线路实现的音频通信,称为二线制音频通信。这种通信方式由于增音机有产生振鸣的可能,限制了增音机插入的数量,一般只能插入6~7台增音机,所以二线制音频通信的最大距离不超过2 000~3 000 km。

四、四线制音频长途通信

为了避免产生振鸣从而延长通信距离,可采用四线制音频通信。即使插入多台增音机,整个通信线路也只有一个可能产生振鸣的正反馈路径,因此可插入较多的增音机,电路较为稳定,电缆通信都采用四线制。

五、音频电缆通信方式存在的缺点

缺点有以下几点:①传输速度受限制,难以实现高速数据传输;②传输距离受限制,不宜长距离传输;③传输差错率较高;④若与电力线网杆架设,发生倒杆事故时,通信也可能中断。

第二节 电力线载波通信

一、简述

电力线载波通信是利用高压电力线(35 kV及以上电压等级)、中压电力线(10 kV电压等级)或低压配电线(380/220 V用户线)作为信息传输媒介进行语音或数据传输的一种特殊通信方式。在电力系统中为输送电能而架设了大量的电力线路,以电力线作为信号传输通道,实现载波通信是电力系统特有的一种通信方式。由于输电线路四通八达,连接着所有的发、供电设备,所以电力载波通信在电力系统被广泛使用。

电力线载波通信以电力线路为传输通道，具有通道可靠性高、投资少、见效快、与电网建设同步等得天独厚的优点[①]。

电力线载波主要用来传送模拟话音信息、远动、远方保护、数据等模拟或数字信息。

电力线载波自身也存在一些固有的弱点：通道干扰大、信息量小，再加上自身的设备水平，管理维护等方面造成的稳定性差、故障率高等不足。长期以来，电力线载波通信网一直是电力通信网的基础网络。该网络主要用于地、市级或以下供电部门面向终端变电站及大用户的调度通信、远动及综合自动化通道的使用。中低压电力线载波目前主要应用在10 kV电力线作为配电网自动化系统的数据传输通道和在380/220 V用户电网作为集中远方自动抄表系统的数据传输通道，还有正在开发并取得阶段性成果的电力线上网高速Modem的应用。

二、载波通信原理

安装在不同地点的两台电话机用导线直接连接，音频电流通过传输线从发送端送往接收端就能实现最简单的音频通信。这是最简单的通信方式，但是一对线路上只能传输一路电话。为了提高通信线路的利用率，实现在一对线路上同时进行多路通信就要采用载波通信的方式。

音频信号的频带一般为300～3 400 Hz，频带很窄。而一般通信线路能传送信号的频带远比此宽，这就为多路信号复用通信线路进行多路通信提供了条件。

（一）线路传输频带

有线通信所采用的线路，主要有架空明线、对称电缆和同轴电缆三种。在电力系统通信网中还大量利用电力线来传送通信信号。

架空明线是将导线用电杆架设在空中的线路。导线有铜线和铁线两种，铜线的线路衰耗随频率增加而增大，并受气候的影响较大。其传输频带一般为0～150 kHz，特性阻抗Z_c为600 Ω。铁线的衰耗比铜线大，随频率增加衰耗变化亦大，一般情况下传输频带在0～30 kHz内，特性阻抗Z_c为1 400 Ω。

对称电缆是由若干对铜导线组成的缆芯外加护层构成。其衰耗随频

①朱君. 浅谈电力通信的发展和技术特点[J]. 黑龙江科技信息，2014(26)：57.

率增加而增大。另外，衰耗还与地温有关，地温越高，衰耗越大。在频率为12 kHz以下衰耗和阻抗变化很大，故一般传输频带取12 kHz以上，特性阻抗Z_c为1 800 Ω左右。

同轴电缆由内导体和金属圆管的外导体，按同一轴线构成的同轴管组成。同轴电缆内可有几根同轴管，如4根或8根。由于这种结构传输信号时，抗干扰能力较强，传输频率很高。常用的有中同轴电缆和小同轴电缆两种，国产的标称尺寸标为“内导体线径/外导体内径”。中同轴电缆为2.6/9.5（mm），小同轴电缆为1.2/4.4（mm）。中同轴电缆的传输频带在300 kHz以上，其特性阻抗为75 Ω。

电力线载波通信是利用高压输电线路传送载波信号，这种通信方式既经济又可靠。电力线传输特性的好坏对电力载波通信至关重要。电力线的传输特性与线路的电压等级、导线型号、导线在杆塔上的排列、利用的相别等均有关，但总的规律是一致的，即线路的衰耗随频率的增高而增大，相-地之间传输信号的衰耗比相-相之间传输信号的衰耗大，传输频率过低将受到工频电流的严重干扰，一般传输频带为40 ~ 500 kHz。

（二）频分多路复用FDM

在一条通信线路上，只进行一路音频电话通信，显然很不经济。可以采用调制技术充分利用线路的传输频带传输多路信号。

在收信段用带通和低通滤波器将高频信号和通信线路上同时传输的音频信号区分出来。高频信号经解调还原成话音信号。这样就在一条通信线路上实现了两路电话信号的通信，一路为音频通信，另一路则为高频通信。因高频波起到了运载话音信号的作用，故称之为载波，其频率称为载频，高频通信通常称为载波通信。

载波通信的实现主要分三个阶段：发端采用调制器将信号变为高频信号；收端用滤波器将高频信号提取出来；再用解调器恢复为原信号。

频分复用（frequency division muliplexing）是调制技术的典型应用，它通过对多路调制信号进行不同载频的调制，使得多路信号的频谱在同一个传输信道的频率特性中互不重叠，从而完成在一个信道中同时传输多路信号的目的。

三、电力载波通信

(一)电力载波通信原理

电力载波通信是利用电力线路作为传输线的载波通信,是电力系统特有的一种通信方式。利用电力线实现载波通信,就必须解决由电力线路(为输送50 Hz工频电流而架设)带来的一系列问题,首先要解决电力线载波机与高压电力线路的连接问题。这种连接不但要保证人身安全和设备安全,还要保证能够获得高频载波电流传输的最大效率。其次,还必须对电力线路进行专门的加工,以便形成有利于高频载波电流传输的高频通道。因此电力载波通信系统在具体组成和工作原理上,与专用通信线路载波通信相比,有不少独特之处。

电力载波通信系统由高频通道和电力载波设备组成。其中高频通道包括:电力线、阻波器耦合电容和结合滤波器。电力载波设备由发信支路、收信之路和音频汇接电路组成。

A端的话音信号经调制变换成适合电力线传输的高频信号,经高频电缆,结合滤波器和耦合电容送到电力线上,沿电力线传输到B端再经耦合电容器和结合滤波器,高频电缆送入电力线载波终端设备,由相应频带的收信滤波器选取高频信号,经反调制还原为A端的话音信号,按同样方式可以将B端的话音信号传送到A端,从而实现电力线载波通信。

实现电力载波通信最重要的问题是如何将高频信号安全地耦合到电力线上。耦合电容器和结合滤波器组成一个高通滤波器,其作用是使高频信号通过,从而达到将高频信号耦合到电力线的目的。而高通滤波器对50 Hz工频电流则具有极大的衰减,以防止50 Hz工频电流进入载波设备,从而达到保护人身和设备安全的目的。50 Hz工频电流的电压很高,但其频率很低,电压几乎都降落在耐压很高的高压耦合电容器两端,结合滤波器的变量器线圈上所降电压无几,这样的耦合是非常安全的。阻波器是一个调谐电路,其电感线圈是能通过很大的50 Hz工频电流的强流线圈,保证50 Hz电流的输送,而整个调谐电路谐振在高频信号的频率附近,阻止高频信号流过,防止了发电厂或变电所母线对高频信号的旁路作用。总之,利用这些线路设备,耦合问题得到了解决。

电力线载波设备和通信线载波设备没有原理上的区别。但电力线载波设备与电力线连接时,必须通过线路设备。实际上,线路设备中的阻波器和耦合电容器,结合滤波器的作用,同通信线载波设备中的线路滤波器的作用完全相同。

电力线载波通信系统由电力线载波设备和高频通道所组成。它所使用的频带主要由高频通道的特性所决定。使用频率过高线路衰减将增得很大,通信距离受到限制。使用频率过低,将受到50 Hz工频谐波的干扰,同时要求耦合电容器的电容量和阻波器的强流线圈的电感量增大,而使线路设备在制造上和经济上造成困难。国际电工委员会(IEC)建议使用频带一般为30 ~ 500 kHz。在实际选择频带时,还应考虑无线电广播和无线电通信的影响。国内统一使用的频带为40 ~ 500 kHz。

电力线载波通信在充分利用40 ~ 500 kHz之间的460 kHz频带时,与通信线载波通信在充分利用线路频带方面有着明显的不同。通信线是专为开设载波通信而架设的,依据其传输特性的限制,在其可使用的频带内开设多路通信达到全频带都能充分利用。如架空明线除进行音频通信外,还开设3路、12路载波通信,使每对架空明线都能达到全部复用。

电力系统中的电力线路是为了传输和分配电能而架设的。它们在发电厂和变电所内均按电压等级连在同一母线上。同一发电厂、变电所中不同电压等级的电力线亦均在同一高压区内,并由电力变压器将其互相耦合。这样,在一条电力线上开设电力载波,它的信号虽被阻波器阻塞,但还会串扰到同一母线的其他相电力线上去。由于同一母线上的不同相电力线之间的跨越衰减不大,因此使每条电力线上开设电力线载波的频谱不能重复使用,使得同母线的各条电力线上只能限制在共同使用的40 ~ 500 kHz的频带。此外,在同一个电力系统中电力线是相互连接的,要想重复使用相同频谱,至少应相隔两段电力线路。这样,同一母线的各条电力线上所能共同利用的频谱,还要比40 ~ 500 kHz窄。

电力系统从调度通信的实际需要出发,往往要依靠发电厂、变电站同一母线上不同走向的电力线,开设电力载波来组织各方向的通信。由于利用频谱的限制和开设通信方向的分散,因此电力线载波大量采用单路载波设备,很少采用多路载波设备。另外,电力线上有较高的线路噪声,电力线载波设备均具有较高的发信电平。如果采用多路通信则发信电平将进一步提高,这难以实现。诸如以上原因,电力线载波一般均为单路载波,以便有较大的灵活性来组织各条电力线上频谱的充分利用。当然亦有可叠加的多路电力载波设备,一般均在4路以下。

电力线路的架空地线是相互独立的。即使同一条电力线上的两条架空地线亦能重复使用频率。另外,架空地线上的杂音较低,所用载波设备的发信电平可以较低,所以利用架空地线实现载波通信的地线载波完全可以实现多路通信,且在考虑线路的复用问题时类似通信线载波。

电力系统通信网络不仅要解决电话通信问题,还有大量的遥测、遥信等远动信号和远方保护信号需要传输。对于电力线载波线路来说,为了充分利用0~4 kHz的音频频带,大多采用话音信号和其他信号复用的方式。电力系统的电话通路仅为调度和管理使用,可以使用较窄的频带,如0.3~2.4 kHz的一般频带或0.3~2.0 kHz的窄频带。这样就将2.65~3.4 kHz或2.4~3.72 kHz用来传输远动信号和远方保护信号。具有同时传输话音、远动和保护信号的电力载波设备称为复合式载波设备,或称为多功能载波设备。

电力载波通道的主要指标有两个,在40~500 kHz频段的幅频特性和衰减特性。

(二)电力载波设备的组成

电力载波设备一般都有发信支路、收信支路和音频汇接电路。

发信支路:将音频信号对载波进行调制,并放大送至高频通道上去。

收信支路:从高频通道上选出高频信号,进行反调制,恢复出对方发送的音频信号。

音频汇接电路:将要发送的话音、远动等音频信号汇接后送入发信支路,以及把收信支路恢复出的音频信号区分后输出。

通常,由于电力线高频通道传输特性的不稳定和用户对电话通信的特殊要求,电力线载波设备还需有自动电平调节系统、呼叫系统和自动交换系统。

自动电平调节系统:电力线载波所用的高频通道传输特性极不稳定,它的线路衰耗随气候条件、电力设备的操作和线路的故障有较大的变化。为了保证通信质量,在收信端设有自动电平调节系统,可随时实现自动调节,使收信端的电平保持稳定。

呼叫系统、自动交换系统:电力线载波机在实现话音信号传输前,首先应呼出对方用户，为此，在发信支路中要发送一个音频信号，称呼叫信号。在对方收信支路中接入呼叫接收电路，即收铃器。这样才能通过它呼出对方用户实现通话。电力线载波机采用自动呼叫方式，通常机内附设有自动交换系统，以提高通路的利用率和实现组网功能。

综上所述，电力线载波设备主要由以上几部分组成。但采用不同的调制方式的电力载波设备，其具体框图是不同的。

需要说明的一点是发信支路采用的是两次调制实现二次变频将音频信号频谱搬移到线路传输频带。电力线载波的线路使用频带为40～500 kHz，用*LC*带通滤波器一次调制的最高频率为46.5 kHz。显然，用*LC*元件制作的带通滤波器来实现频谱搬移只能采用多次调制，即多级变频，一般由二次调制来完成。第一次调制将音频频谱搬移到中频，即中频调制。中频调制的载频f_{mc}范围为12～48 kHz，常用12 kHz并取其上边带。第二次调制将中频信号频谱搬移到线路频带40～500 kHz之间，称这次调制为高频调制。高频调制的载频f_{mc}范围由所用的线路传输频谱来决定，调制后一般取其下边带。

需要说明的另一点是单边带电力载波机收信支路中是采用同步检波来实现解调的。这就要求收信的高频载频和中频载频与对方发信的高频载频和中频载频严格相等。否则，解调后所得的音频信号将出现频率偏差。大量实验表明，要求通话频偏小于10 Hz、远动信号频偏小于2 Hz。这单靠振荡器的频率稳定度来保证是很困难的，一般采用最终同步法来解决这一问题。由于锁相技术的应用，亦可采用两端载频供给系统主从同步方式来解决。

最终同步法就是在收信支路用对方发来的中频载波进行二次解调的方法，如在对方发信端，发送一个中频载波信号f_{mc}（如12 kHz），而在本方收信端的收信支路中，用中频窄带滤波器将对方发来的中频载波f_{mc}（如12 kHz）滤出，供给收信的二次解调用。

（三）电力载波通信的特点

特点：①话音和数据各占一个频段，同时传送互不影响；②利用电力线作为载波通信通道，不需要单独架设和维护线路，且电力线路结构坚固、可靠性高、传输衰耗小；③电力线和电气设备在运行时，存在着电晕、电弧等现象，影响电力线高频通道信号传输质量，误码率很不理想；④电力载波通信的站址完全取决于电力线路结构，不能任意设站，给通道组织带来困难，而当线路故障时，通道亦中断；⑤为避免受到电力线上工频电流所产生的工频谐波干扰，频率不能太低，为了避开广播频段及防止线路衰减过大，频率不能太高。目前我国电力线载波频率范围规定为40 ~ 500 kHz。

四、电力载波通道的设计与计算

（一）通道的设计任务

电力线载波通道的设计与计算，是确保电力线载波通道稳定，可靠运行的重要环节。通道设计的具体任务是：根据电网一次接线，各场所的重要性和地理位置特点，以及电网对电力载波通道和传输质量的要求，进行通道组织、衰减计算、设备选择和频率分配。

（二）设计依据和条件

电力载波通道的设计依据通道的高频参数、电力线载波设备的技术条件及所要求的传输质量指标等进行。

（三）通道的组织

通道的组织包括确定通道的路径、耦合方式、结合相别、终端站或枢组站的选择及中间站的转接方式等。合理的组织通道，可以降低投资，提高通道利用率及运行的灵活性和可靠性。

（四）通道的设计与计算

通道的设计与计算包括电力载波通道的经验计算法和IEC推荐的工程计算法。通过计算将各项衰减分别归并，求得通道允许的最大衰减，然后计算通道允许使用的最高频率，再进行合理的频率分配。

（五）电力载波通道的频率分配

频率分配的目的是保证电力载波通道本身的传输质量标准，抑制相邻通道间的相互干扰，最大限度地利用频率资源。为此，电力载波机对来自相邻通道的干扰具有一定的防卫能力。防卫能力除了取决于电力载波机本身的设计与制造工艺外，还需要合理地利用通道之间的跨越衰减和妥善的安排频率等措施来实现。

在工程设计中，频率分配就是选择具体合适的工作频率，包括发信频率、收信频率以及本机和邻机这些频率之间的间隔。

不管采用哪种方法进行频率分配，都应使有限的载波频率范围内可容纳最多的通道，并保证各方面对通道传输质量的要求。通常根据用户的使用要求，在40～500 kHz载波频率范围内，对所需载波通道的数量和频率分配都事先进行规划，并按下述原则和秩序统筹安排：①优先满足远方保护高频通道频率的要求；②优先安排重要用户的频率；③先长通道，后短通道，先高频，后低频；④便于在电网改造和设备更新时，灵活、简便地改变频率；⑤安排在同一相线上的几个载波通道频率，应能与阻波器的阻塞频段恰当地配合。

在同一厂站内，包括不同电压等级的电力载波通道之间一般不允许重复使用频率。由于线路阻波器不可能将电力线载波信号全部阻塞，总有一定的泄漏，且相邻的电力线之间存在着空间的电磁耦合，因此在电力网中某一线路上的电力载波信号总是可以串漏到相邻的线路上去，所以在同一连接点相邻线路上的电力线载波通道一般都不可能重复使用频率。两个电力线载波通道通常要经过有两段阻波器阻塞的电力线载波电路之后，才可以重复使用频率。

五、电力载波通信的其他通信方式

随着电力线电压等级的提高和直流输电的发展，电力线的线路衰耗和杂音电平也相应增加。如单靠电力线载波来实现载波通信，会出现很多困难。同时随着电力线调度通信需传送的信息量的迅速增加，电力线载波通道数量不足的矛盾更为突出。为此，有必要充分发掘电力线载波的潜力。国内外结合电力线路本身结构的特点，成功地组成了多种特殊形式的电力线载波通信，较典型的有：利用电力线的架空地线实现载波通信和分裂相导线载波通信。

（一）绝缘地线载波通信

为了防止相导线直接遭受雷击，在电力线上方架设有一根（C）或两根（CC）架空地线，为了减小电力线路的线损，这些架空线实际上并不接地，而是各杆塔的接地线通过火花间隙接地，实践证明这样架空地线的防雷性能不受影响，而对地绝缘，既可减小线损，又为利用架空地线实现载波通信提供了条件。

(二)分裂导线载波通信

随着电力系统的发展,对通信信道的需求日益增长。电力线载波通信和绝缘地线载波所能提供使用的频段仅为8~500 kHz,寻求新的信道减小重复频率的间隔,乃至在同一条电力线路上能重复使用频率,扩大信道容量,这就促进了分裂导线电力载波的发展。目前,220 kV以上的高压电力线路几乎都采用相导线为分裂导线的结构。这种分裂相导线一般采用两根以上的导线组成一条相导线。各分列导线间距为0.4~0.6 m,为加强机械性能,防止相互碰撞,每隔40~70 m安装一个金属支架。如果将金属支架改用绝缘支架,即将各分列导线绝缘,那么分裂相导线就可作为一对或几对通信线路。这样就可以用它们来实现载波通信,称为分裂相导线载波通信。

六、我国电力线载波通信的现状与发展趋势

随着通信技术的不断发展和进步,电力线载波通信技术及其在电力系统中的应用已经发生了巨大的变化。与电力线载波机应用的鼎盛时期相比,电力线载波通信已从模拟通信向数字通信发展,而其应用也由电力系统通信的主要通信方式变为备用通信方式。电力线载波通信主要体现在以下几个方面:①电力线载波技术由模拟通信发展为数字通信,由单通道发展为多通道;②电力线载波通信设备的使用由原来的基本通信方式变为备用通信方式;③传输的信息由话音和远动信号发展为更多的计算机、网络及监控系统的信息;④电力系统通信对电力线载波通信设备的通信容量、接口功能、信息采集、网管性能和质量水平提出了更高的要求。

在新的形势下,如何发挥电力线载波通信的技术和应用的长处,更好地为电力系统运营服务,是我们现阶段需要考虑和加以重视的问题。

(一)高压电力线载波通信设备的分类

电力线载波设备一般按照电压等级进行分类。随着电力线载波技术的发展,在高、中、低压三个电压等级均全面开始了电力线载波新技术的应用,而在不同的电压等级所采用的载波技术有较大差别。电力线载波(power line carrier,PLC)的分类可按照电压等级进行大类分类。

高压电力线载波机,指应用于35 kV及以上电压等级的载波通信设

备。载波线路状况良好,主要传输调度电话、远动、高频保护及其他监控系统的信息。

中压电力线载波机,指应用于10 kV电压等级的电力线载波通信设备。载波线路状况较差,主要传输配电网自动化信息和大用户抄表信息。

低压电力线载波通信设备,指应用于380 V及以下电压等级的电力线载波通信设备。载波线路状况极差,主要传输电线上网、用户抄表及家庭自动化的信息和数据。

在高压电力线载波设备中可分为如下四类。

模拟电力线载波机:采用模拟调制方式(如SSB单边带调制)将频率搬移到线路频带进行传输,其线路频谱传输的信号为模拟信号。

数字化电力线载波机:在频率搬移过程中,采用了数字信号处理(DSP)技术。

全数字电力线载波机:采用数字编码技术,并利用数字调制方式将多路输入信号经数字处理后变换到线路频带进行传输,其线路传输的信号为已调制的数字信号。

继电保护收发信机:利用高压电力线作为媒介进行继电保护信号传输的设备。

(二)高压电力线载波的技术发展趋势

1.高压电力线载波机主要的技术进步是采用数字调制解调

数字调制的过程实际是将输入的符号流映射为一个相位、幅度、频率受控和频带受限制地适合于在某一信道中传输的信号。对于电力线载波机而言,是将多路语音、数据信号复接后的码流转变为在40~500 kHz范围内,占4 kHz带宽的信号及相反过程。在实用中多使用OQPSK(偏移四相相移键控)数字调制方式。这是一种高效的调制解调方式,在通信的各个领域已有广泛应用,如数字微波中继、卫星通信、移动通信等领域。

数字电力线载波机采用OQPSK数字调制解调技术后,从根本上改善了电力线载波机的性能,提高了其可靠性及可使用性。

2.高压电力线载波技术进步带来的优越性能

提高了传输容量,改善了信号接收信噪比S/N。

3.电力线载波在电力系统通信中的地位

电力线载波通信曾经是电力专网通信中的主要手段。但到20世纪90

年代后期,由于电力自动化水平的提高,对通信容量和质量提出了更高的要求,传统的模拟电力线载波技术渐渐不能满足发展的需要,而微波、卫星、光纤等其他通信手段则迅速发展成电力系统通信的主要方式。

自2000年以来,国内一些致力于电力线载波新技术开发的高科技公司将先进的数字技术应用在电力线载波通信中,产生了新一代全数字电力线载波机,其性能有了质的飞跃。目前全数字电力线载波机在4 kHz带宽内能同时传输6路话音和数据,总速率达到3.6 kb/s,且具有网管网控功能,在很大范围和程度上满足了电力通信发展的要求。因此,有必要重新认识电力线载波机的作用,这对电网调度自动化通信系统的建设具有深远的意义。

2000年以来,随着全数字电力线载波新技术的迅速应用,促使电力线载波机由单通道、模拟制式向多通道、全数字化的技术方向发展。数字载波机采用了多种先进的数字技术,如DSP、高速调制解调器(MQAM+TCM)、语音压缩、多路数据复接、回波抵消、EPLD以及大量采用表面贴装器件和软件无线电技术等。

在每一传输方向上,高频通道占据8 kHz的带宽,由于使用内嵌式回波抵消器,发送和接收频带能够回频,这意味着通信占用的总带宽为8 kHz,与传统的单路载波机所占用的带宽相同。但传输的话音或数据最多却可达9路。

全数字电力线载波因采用了最新的数字技术,其传输容量、可靠性均能满足电网调度自动化通信系统的需要,将是地区网、省网的重要通信方式之一。电力线载波通信技术以电力线路为传输介质,具有通道可靠性高、投资少见效快、与电网建设同步等电力部门得天独厚的优点。全数字电力线载波机的主要特点有:①音频部分采用TDM+TCM(时分复用、网格编码数字技术),即音频部分采用多路数字复接器;②信道部分采用OPQSK数字调相等高效数字调制技术;③可提供多路语音和多路高速异步数据。

综上所述,应用最新数字通信技术的全数字电力线载波机,能够满足现代电力调度自动化系统对其通信系统的新要求,必将成为保障电网安全、经济运行的最重要、最广泛的通信手段之一。电力线载波通信在我国是一门既古老又年轻的学科,其发展对于电力线载波通信在高压到低压各个领域的应用取得了令人鼓舞的成就。

第三节 光纤通信

一、简述

在载波通信中，载频越高，可以用于通信的频带就越宽，通信容量也就越大。我们知道通信发展经历了从明线到电缆、从有线通信到无线通信、从短波通信到微波和卫星通信，其总的目的就是通过提高载波频率来扩大通信容量。由于光纤中传输的光波的频率要比无线通信使用的频率高得多，因此其通信容量就比无线通信大得多。

光纤通信是以光波为载波，以光导纤维为传输介质的一种通信方式①。与电通信相比，主要区别有两点，一是以很高频率的光波作为载波，传输的是光波信号；二是以光纤作为传输介质。基于以上两点，光纤通信具有传输频带宽、容量大、损耗低、抗干扰等一系列优点。

二、光纤通信的特点

（一）传输频带宽通信容大

光纤通信使用的光波频率一般为3.5×10^{14} Hz（微波频率范围是300 MHz～300 GHz），如果我们利用它的带宽的一小部分，按每话路4 kHz的带宽计算，则一对光纤可以传送10亿路电话。虽然在实际应用中由于受到了光电器件特性的限制，传输带宽比理论上的窄得多，但在目前投入运营的光纤通信系统中，一对光纤仍可通3万路电话，是目前通信容量最大的一种通信方式。

像电缆一样，将几对至上百对光纤组成一根光缆，其外径比电缆小得多，传输容量就更大了。如果再采用波分复用技术，其传输容量就会大得惊人，可以满足不同信息传输的需要。

（二）损耗低、中继距离远

光纤的损耗极低。理论上，目前单模光纤损耗低于0.1 dB/km，比任何传输介质的损耗都低，因此，光纤通信无中继传输距离最长。

①张奔，王新洋．通信光纤信号传输衰减成因及优化技术[J]．电子元器件与信息技术，2020，4(10)：35-36.

（三）不受电磁干扰

光纤是由纯度较高的二氧化硅（SiO_2）材料制成的，属绝缘材料，因此它不受电磁干扰，也不受核辐射的影响。

（四）保密性强、无串话干扰

光信号在光纤中传播时，几乎不向外辐射。因此在同一光缆中，数根光纤之间不会相互干扰，即不会产生串话，也难以窃听，所以光纤通信和其他通信方式相比有更好的保密性。

（五）直径细、重量轻

光纤纤芯的直径很小，大约为0.1 mm，是对称电缆芯线的1/3～1/4，因此光缆直径要比相同容量的电缆小得多，而且重量也轻。

（六）节约有色金属和原材料

现有的通信线路是由铜、铝、铅等金属材料制成的，从目前的地质调查情况来看，世界上金属的储藏量有限，有人估计，按现有的开采速度，铜的储藏量只能再开采50年。而光纤的原材料是石英，地球上取之不尽用之不竭，并且用很少的原材料就可以拉制很长的光纤。随着光纤通信技术的推广应用，将会节约大量的有色金属材料。

（七）抗化学腐蚀

石英具有一定的抗化学腐蚀能力。所以光纤具有抗腐蚀、抗酸碱等特点，光缆可直埋地下。

（八）连接困难

光纤的切断和连接操作技术复杂。光纤弯曲半径不宜过小。

三、光纤通信系统的基本组成

光纤通信系统是由光发送机、光缆、光中继器及光接收机组成。发送部分由电端机完成对信号处理形成电信号，再将电信号送至光发送机经电光转换形成与电信号相适应的光信号。然后将光信号耦合到光纤中传输。接收部分由光接收机完成光电转换。它的作用是将光纤传输的光信号经光检测器转变为电信号，再将这微弱的电信号经放大电路放大后送至电端机。由光缆组成光纤通信系统的传输线，其作用是传送光信号。光中继器主要由光检测器、判决再生和光源组成，它兼有收、发电端机两种功能，其作用主要是补偿光纤的损耗并消除信号失真。由于电端机有模拟电端机与数字电端机之分,对应的通信系统分为模拟光纤通信系统和数字光纤通信系统。目前使用的光纤通信系统,普遍采用数字编码,强度调度——直接检波通信系统。

模拟光通信常用于非线性失真要求不高的地方。数字光纤通信系统中,由于信号为脉冲形状,因此光源的非线性对系统性能影响不大。数字光纤通信系统也具有数字电话通信系统的所有优点。在现已建成的系统中,除少数专用光纤通信系统外,几乎所有公用及大多数专用光纤系统使用数字式。数字光纤通信系统一般是指以传送数字话音为主的光纤通信系统,它主要由PCM(脉冲编码调制)终端设备、数字复用设备、光端机、光纤和光中继设备组成。

四、光纤和光缆

光纤是传输光信号的主要介质,因此研究光纤通信,首先应对光纤的结构与分类、光纤的传光原理以及光纤的有关特性有所了解。在实际的光纤通信线路中,为了保证光纤能在各种敷设条件下和各种环境中长期使用,就必须将光纤构成光缆。因此对常用光缆的结构也需有一定的了解。

(一)光纤的结构和分类

光纤是由玻璃预制棒拉丝成纤维,它包含纤芯和包层,呈圆柱形。

光纤按照其折射率分布不同分为阶跃折射率光纤(SIF)和渐变折射率光纤(GIF)。按照传输模式多少分为单模光纤和多模光纤。当光在直径为几十倍光波波长的芯线中传播时,以各种不同角度进入光纤的光线,从一端传至另一端时折射或弯曲的次数不尽相同,这种不同角度的光线进入称为多模传输,可传输多模光波的光纤称为多模光纤。

如果光纤芯线的直径下降为几个波长,只能传输一种模式,即沿着芯线直线传播,这类光纤称为单模光纤。

多模光纤中传输光波的模式很多,阶跃和渐变光纤均属此类,其带宽不是很宽,适用于中小容量、中短距离通信。单模光纤中传输光波的模式仅一个。带宽极宽,适用于大容量、长距离通信。

（二）光缆的结构

在实际的通信线路中将光纤制成不同结构形式的光缆，使其具备一定的机械强度，以承受敷设时所施加的张力，并能在各种环境条件下使用，并保证传输性能的稳定、可靠。光缆种类繁多，制造工艺复杂。

1.层绞式光缆

它是将若干根光纤芯线以强度元件为中心绞合在一起的一种结构。其特点是工艺简单成熟，成本较低，芯线数一般不超过10根。

2.单位式光缆

它是将几根至十几根光纤芯线集合成一个单位，再由数个单位以强度元件为中心绞合成缆，其芯线数一般适用于几十芯。

3.骨架式光缆

它将单根或多根光纤放入骨架的螺旋槽内，骨架中心是强度元件，骨架上的沟槽可以是V形、U形或凹形，由于光纤在骨架沟槽内具有较大空间，因此当光纤受到张力时，可在槽内作一定的位移，从而减少了光纤芯线的应力应变和微变，这种光缆具有耐侧压、抗弯曲、抗拉的特点。

4.带状式光缆

它是将多根光纤芯线排列成行，构成带状光纤单元，再将多个带状单元按一定方式排列成缆。这种光缆的结构紧凑，集成密度高，此种结构可做成上千芯的高密度用户光缆。

不论光缆具体结构形式如何，都是由缆芯、加强元件和护套组成。

缆芯：由光纤芯线组成，一般分为单芯和多芯两种。

加强元件：为使光缆能承受外界张力，便于敷设，通常在光缆中要加一根或多根加强元件，位于中心或分散在四周。加强元件的材料可用钢丝或非金属的合成纤维材料。

护层：光缆的护层主要是对已形成的光缆的光纤芯线起保护作用，避免受外部机械力和环境损坏。因此要求护层具有耐压力、防潮、耐高温、耐腐蚀、阻燃等特点。光缆的护层可分为外护层和内护层，内护层一般采用聚乙烯或聚氯乙烯等，外护层可根据敷设条件而定，要采用由铝带和聚乙烯组成的LAP外护套加钢丝铠装等。

（三）光纤的传光原理

光波在光纤中传输的理论就是光纤原理，主要包括射线理论和模式理论。

射线理论是把光看作射线,应用光学中的反射和折射原理来解释光波在光纤中传播的物理现象。

模式理论是把光波当作电磁波,把光纤当作光波导,用电磁场分布的模式来解释光纤中的传播现象。用模式理论可以比较完整和全面地解释光波在光纤中的传播现象。

根据射线理论我们来分析光波在阶跃型光纤中传输的原理,只要正确地选择入射角就可使光波被光纤完全捕获,以全反射的形式在光纤中传输到对方。

射线理论涉及的数学推导这里不再讨论,感兴趣的读者可参阅相关书籍。不是所有方向的光线都能注入光纤的,因为光纤是依靠全反射原理进行光能传输,所以只有在光纤传输的临界角以内的光线可以进入光纤,超出这个范围的光线便折射而逸出,为了衡量光纤捕捉光线(光源发出的)的能力,常用光纤的数值孔径NA来描述。所谓数值孔径,就是光纤接收角的一种表征。数值孔径角表征了光源和光纤的耦合效率。NA表示光纤接收和传输光的能力,NA越大,光纤接收光的能力越强,从光源到光纤的耦合效率越高。

(四)光纤的传输特性

光纤的传输特性主要包括:光纤的损耗特性和光纤的色散特性。

1.损耗特性

光波在光纤中传输,随着距离的增加光功率会逐渐下降,这就是光纤的传输损耗。光纤每单位长度的损耗,直接关系到光纤通信系统传输的距离。光纤的损耗包括吸收损耗和散射损耗两大类,以吸收损耗为主。

吸收损耗是光波通过光纤时,有一部分光能变成热能,从而造成光功率的损失。吸收损耗包括杂质吸收、本征吸收以及原子缺陷吸收三种情况。造成吸收损耗的原因很多,但都与光纤材料有关。

散射损耗是由于光纤的材料形状、折射率分布等的缺陷或不均匀,使光纤中传播的光发生散射,由此产生的损耗称为散射损耗。

2.色散特性

光纤的色散(dispersion)是由于光纤所传信号的不同频率成分或不同模式成分的速度不同,而引起信号畸变的现象。

光纤的色散会使光波信号传输后出现畸变，在传输数字信号时就表现为光波脉冲时间上展宽，即光脉冲的上升和下降时间拉长。严重时将使前后码元相互重叠，形成码间干扰。色散也随着传输距离的增加而愈发严重，从而限制了光纤传输的距离和码率，也就限制了信息传输容量。从脉冲展宽可折算频带宽度，这是表示码速限制和信息容量的另一侧面。所以说，色散、脉冲展宽和频带宽度表征的都是光纤的同一特性。色散对光纤传输系统的影响，在时域和频域的表示方法不同。如果信号是模拟调制的，色散限制带宽(bandwidth)；如果信号是数字脉冲，色散产生脉冲展宽(pluse broadening)。

光纤色散主要包括模间色散和模内色散两类。

模间色散又称模式色散，是指在多模光纤中，不同的模式群速率不同，在传输相同距离时，产生时延差或脉冲展宽。

模内色散又称多色色散，是指每一个模式本身对多种波长的色散，主要是光纤的材料色散和波导结构引起的色散。其中：

材料色散——由于光源有一定的波谱宽度，光纤材料的折射率会随传输光波长而变化，对应不同的光频，折射率不同，传输速度也不同，从而产生材料色散。

波导色散——由于光纤的结构、形状、相对折射率差等方面的原因，使光波的一部分在纤芯中传播，另一部分在包层中传播，由于包层和纤芯折射率不同，所以传输速度也不同，从而造成脉冲展宽，称为波导色散。

单模光纤中传导的模只有一个，因此不会产生模间色散。只有材料色散和波导色散。模间色散对光脉冲的影响要比材料色散大得多，所以，单模光纤的带宽要比多模光纤的带宽大得多。

一般来说，光纤三种色散由大到小的顺序是：模间色散，材料色散，波导色散。

对于多模光纤，总色散等于三者相加，在限制带宽方面起主导作用的是模间色散，其他两个色散影响很小。对于单模光纤，因只有一个传输模式，故不存在模间色散，其总色散为材料色散和波导色散之和。对光纤用户来说，一般只关心光纤的总带宽或总色散。光纤光缆在出厂时，会标明光纤的总带宽或总色散。

五、光源和光发送机

(一)光纤通信对光源的要求

光源是光发送机的关键器件,其功能是把电信号转换为光信号。目前光纤通信广泛使用的光源主要有半导体激光二极管或称激光器(LD)和发光二极管或称发光管(LED),有些场合也使用固体激光器,例如掺钕钇铝石榴石(Nd:YAG)激光器。半导体激光器是向半导体PN结注入电流,实现粒子数反转分布,产生受激辐射,再利用谐振腔的正反馈,实现光放大而产生激光振荡的。激光的英文LASER就是light amplification by stimulated emission of radiation(受激辐射光放大)的缩写。

在实际的光纤通信系统中,为了保障信息的传输质量,对通信光源提出了较高的要求:①光源的发射光谱应该符合光纤的传输窗口,即发光波长应在光纤的损耗和色散最低的波长处,且光源的谱线宜窄;②要有足够的输出功率以满足系统的要求;③耦合效率高;④电光转换效率高;⑤可直接调制,光源和调制器便于耦合;⑥工作寿命长、稳定性好(寿命≥10 h);⑦体积小、重量轻;⑧可批量生产。

(二)光发送机

光发送机的作用是将电信号变成适合于光纤传输的光信号,送入光纤中传输出去。

1.光发送机的组成

光发送机各部分要完成以下功能。

均衡:将PCM终端机送来的HDB3码或CMI码流进行均衡,用于补偿由电缆传输产生的衰减和失真。

码型变换:由均衡器输出的HDB3码或CMI码经码型变换电路变换以便适合光路传输,可将其变换为非归零码(即NRZ码)。

扰码:为避免码流中出现长连“0”或长连“1”的情况,需加上扰码电路,它可以有规律地“破坏”长连“0”或长连“1”的码流,使0、1等概率出现。

时钟提取:时钟提取电路提取时钟信号,供给码型变换和扰码电路使用。

编码:对经过扰码以后的码流进行信道编码,以便于不间断业务的误码监测、区间通信联络、监控及克服直流分量的波动,使之成为适合光纤线路传送的线路码型。

驱动电路：用经过编码以后的数字信号来调制发光器件的发光强度，完成电/光变换任务。

自动功率控制电路（APC）：其作用是稳定光输出功率，防止光源因电流过大而损坏。

自动温度控制电路（ATC）：半导体光源的特性会随着温度的变化而发生变化，尤其是LD，随着温度的升高，阈值电流增加，发光功率降低。在实际使用当中，必须对这些影响进行控制，以保证器件工作状态的稳定、可靠。ATC电路用以进行光源的温度补偿。

其他保护、监测电路：监测光电二极管用于检测激光器发出的光功率，经放大器放大后控制激光器的偏置电流，使其输出的平均功率保持恒定。当光发送机电路出现故障时，或输入信号中断，告警电路发出告警指示。

光源：是光发送机的核心，它是组成光纤通信系统的重要器件。目前光纤通信用的光源主要有两种：半导体发光二极管（LED），半导体激光二极管（LD）。它们都是加正向偏压而发光的半导体二极管。只不过LED发光功率不大，波谱较宽，工艺简单，寿命长；LD发出的是激光，发光功率大，波谱较窄，工艺要求高，并且其输出特性受温度影响大，须采取温控措施。通常LED用于短距离、小容量传输系统。而LD一般适用于长距离、大容量的传输系统。LD和LED，它们都属于半导体器件，其共同特点是体积小、重量轻、耗电量小。

2.光发送机的指标

（1）合适的输出光功率

光发送机的输出光功率，通常是指耦合进光纤的功率，也称入纤功率。入纤功率越大，可通信的距离就越长，但光功率太大会使系统工作在非线性状态。光源应有合适的输出功率，一般在0.01 ~ 5 mW。

（2）消光比E_{xt}

消光比是指全0码时的平均光功率P_0与全1码时的平均光功率P_1之比。期望在全0码时没有光功率输出，否则它将使光纤系统产生噪声，使接收机灵敏度降低。一般要求$E_{xt} \leqslant 10\%$。

（3）调制特性

所谓调制特性好，即要求调制效率和调制频率要高，以满足大容量、高速率光纤通信系统的需要。

除此之外,要求电路尽量简单、成本低、光源寿命长等等。

六、光电检测器和光接收机

(一)光电检测器

光电检测器的作用是检测光信号并将其转换为电信号。目前在光纤通信中广泛使用的光电检测器是半导体光电二极管,它具有尺寸小、灵敏度高、响应速度快以及工作寿命长等优点。光电检测器也有两种,一种是PIN型光电二极管,一种是APD雪崩光电二极管。它们都是加反向偏压的光/电转换器件。不同的是APD不仅有光/电转换作用,而且,因其有雪崩效应,具有内部放大作用。光纤通信系统对光电检测器有如下要求:①对系统工作波长响应度高,即光电检测器转变光功率为电流的效率高。②对光脉冲响应速度快,即响应时间短,或者说频带宽。③附加噪声小。④寿命长,性能稳定。

(二)光接收机

光接收机的作用是接收经光纤传输后被衰减、波形被展宽的微弱光信号,并从中检测出传送的信息,经放大处理,恢复为原来的信号。

放大:由前置放大和主放大器组成的放大电路,其中前置放大电路的作用是将光电二极管输出的微弱电流进行低噪声放大,送往主放大器,主放大器的作用是将信号进一步放大使之达到可判决电平。主放大器还具有自动增益控制功能,以便使主放大器的输出信号在一定范围内不受输入信号的影响。

均衡器:均衡器的主要作用是使经过均衡器以后的波形成为有利于判决的波形,即对已产生畸变的波形进行补偿。

判决器与时钟恢复:由均衡器输出的脉冲信号,将被送到判决器进行“判决”和“再生”,恢复为“0”或“1”的数字信号。为了解从均衡器的输出信号判决是“0”码还是“1”码,首先要设法知道应在什么时刻进行判决,也就是说要将“混在”信号中的时钟信号提取出来。再按照时钟信号所指定的瞬间来判决由均衡器送来的信号。若信号电平超过判决门限电平,则判为“1”码;反之,则判为“0”码。

自动增益控制:用反馈环路来控制主放大器的增益,在采用APD雪崩管的接收机中还通过控制雪崩管的高压来控制其雪崩增益。从而使光接收电路在接收到信号的电平发生波动时，到达判决器的信号相对稳定。自动增益控制的作用是增加了光接收机的动态范围。

解码电路：信道解码电路包含解码电路、解扰电路和码型反变换电路。

辅助电路：光接收机除以上介绍的部分外，还有一些辅助电路，以确保接收机的可靠工作，包括温度补偿电路、告警电路等。

七、光纤通信系统

光发送机、光接收机和光纤光缆一起构成了光纤通信系统的主要组成部分。目前使用的光纤通信系统，普遍采用强度调制-直接检波光纤通信系统。它主要由PCM终端设备、数字复用设备、光端机、光纤和光中继设备组成。一个完整的光纤通信系统，还应包括光监控系统、脉冲复接和脉冲分离系统、告警系统以及电源系统等。

（一）光中继器的作用

在光纤通信系统中，从发送机发出的光信号，经光纤传输一定的距离后，由于受光纤的损耗和色散的影响，将使光脉冲信号的幅度受到衰减，波形出现失真。这样，就限制了光脉冲信号在光纤中进行长距离的传输。因此，需要在光波信号传输一定距离以后，加上一个光中继器，以放大衰减的信号恢复失真的波形，使光脉冲得到再生。

光纤通信系统中的光中继器主要由光接收设备和光发送设备组成，此外，为了使光中继器便于维护，还应具有公务通信、监控、报警等功能。有的光中继器还有区间通信功能。

（二）监控系统的作用

在光纤通信系统中，为了保证通信的可靠和安全，监控系统是不可缺少的部分。光纤通信的监控系统中采用了计算机控制的智能设备。

1.监测的主要内容

主要内容包括：①系统误码率是否满足指标要求；②各个中继器是否有故障；③接收光功率是否满足指标要求；④光源的寿命；⑤电源是否有故障；⑥环境的温度、湿度是否在要求的范围内。

2.控制的内容

在主用系统出现故障时，自动倒换至备用系统，将主用系统退出工作。

当主用系统恢复正常后，系统自动从备用倒换回主用系统。

当市电中断后，电源自动切换至备用电源。

当中继站环境温度过高，湿度变化超标时启动调节系统进行调节。

3.监控系统的基本组成

监控系统根据功能不同大致有三种组成方式：①在一个数字段内对光传输设备和PCM复用设备进行监控；②在具有多个方向传输的终端站内，对多个方向进行监控；③对跨越数字段的设备进行集中监控。

4.监控信号的传输

监控系统中监控信号的传输有两种方式：一种是在光缆中加金属导线来传输监控信号；另一种是由光纤来传输监控信号。

（三）光纤通信系统中的码型

数字通信的编码分为信源编码和信道编码，在信道中传输的数字基带信号的信道码型即为线路码型。在光纤通信系统中，从电端机输出的是适合于电缆传输的双极性码（HDB3码或CMI码）。光源不可能发射负光脉冲，因此必须进行码型变换即线路编码，以适应于数字光纤通信系统传输的要求。此外，在光纤线路中还要传输除主信号以外的其他信号，如监控信号、区间信号、公务通信信号、数据通信信号，因此也需要重新编码，以增加信息余量（冗余度）。

在数字光纤通信系统中需要选择合适的线路码型，以保证传输的透明性。一般采用二电平码，以适应于对光源的调制；尽可能减少连“1”或连“0”的数目，便于时钟提取；能提供一定的冗余码，用于平衡码流、误码监测和公务通信。

光纤通信中常采用的码型如下。

1.mBnB码

mBnB码是把原始信码流按m B进行分组，记为mB，再把每组码按一定规则变为n B组，记为nB，并在同一个时隙内输出。这种码型是把mB变换为nB，所以称为mBnB码，中m和n都是正整数，$n>m$，一般选取$n=m+1$。mBnB码有1B2B、3B4B、5B6B、8B9B、17B18B等等。

2.插入码

mB 1C码的编码原理是，把原始信码流分成每m B（mB）一组，然后在每组mB码的末尾插入1B补码，这个补码称为C码，所以称为mB 1C码。

补码插在mB码的末尾，连“0”或连“1”的个数最少。

八、同步数字体系

光纤通信的同步序列是指光纤通信的传输制式。它包括准同步数字序列（plesiochronous digital hierarchy，PDH）和同步数字序列（synchronous digital hierarchy，SDH）两种。PDH是传统的数字传输制式，它有两种基础速率。一种是以1.554 Mb/s（PCM24系统）作为基群速率，采用的国家有北美各国、日本等；另一种是以2.048 Mb/s（PCM30/32系统）作为基群速率，采用的国家有欧洲各国、中国等。

20世纪80年代中期以来，随着光纤通信的迅速发展和用户要求的不断提高，传统的PDH体系标准因存在一些固有的缺陷，已不能适应这种发展的要求。主要表现在没有全球统一的速率标准，使国际通信困难；没有标准规范的光接口，增加了互连的复杂性；准同步复接，信号上下电路需将所有高速信号进行复接和分接；网络结构缺乏灵活性，均为点对点的结构；辅助比特缺乏，限制了网络维护与管理（operation administration and maintenance，OAM）功能的改进与完善；更多的新业务只能人工维护和管理；无法满足新技术对传输的需要，如直接传输ATM信元。为解决PDH序列的这些缺点，ITU-T以美国贝尔通信研究所提出同步光纤网络（synchronous optical network，SONET）为基础，经修改完善，形成了适应于欧美各国的两种数字序列，并适用于光纤、微波及卫星等其他传输手段的同步数字序列（SDH）。它不仅使原有人工配线的数字交叉连接（DXC）手段可有效地按动态需求方式改变传输网拓扑，充分发挥网络构成的灵活性与安全性，而且在网络管理功能方面大大增强。因此，SDH已成为B-ISDN的重要支撑，是一种国际上公认的较为理想的新一代传送网（transport network）体制。

（一）SDH的特点

SDH由一些基本网络单元（例如复接/去复接器，线路系统及数字交叉连接设备等）组成，在光纤、微波、卫星等多种介质上进行同步信息传输、复接/去复接和交叉连接，因而具有一系列优越性。其主要特点概括如下：①具有全世界统一的网络节点接口（NNI）；②具有一套标准化的信息结构等级，称为同步传送模块，分别是STM-1（速率为155 Mb/s）、STM-4

(速率为622 Mb/s)、STM-16(速率为2 488 Mb/s);③帧结构为页面式,用于维护管理的比特大约占5%,具有强大的网络管理功能;④由于将标准接口综合进各种不同网络单元,减少了将传输和复接分开的必要性,从而简化了硬件构成,同时此接口亦呈开放型结构,从而在通路上可实现横向兼容,使不同厂家产品在此通路上可互通,节约相互转换等成本及性能损失;⑤SDH信号结构中采用字节复接等设计已考虑了网络传输交换的一体化,从而在电信网的各个部分(长途、市话和用户网)中均能提供简单、经济、灵活的信号互连和管理,使得传统电信网各部分的差别渐趋消失,彼此直接互联变得十分简单、有效;⑥网络结构上SDH不仅与现有PDH网能完全兼容,同时还能以"容器"为单位灵活组合,可容纳各种新业务信号,充分考虑到未来的发展需要。

综上所述,SDH采用同步复用、标准光接口和强大的网络管理功能等特点,在20世纪90年代中后期得到了广泛应用,正在逐步取代PDH设备。

(二)SDH的帧结构

SDH的数字信号传送帧结构安排尽可能地使支路信号在一帧内均匀地、有规律地分布,以便于实现支路的同步复接、交叉连接、接入/分出(上/下——add/drop),并能同样方便地直接接入/分出PDH系列信号。

(1)段开销区域

段开销(section overhead)是STM帧结构中为了保证信息正常传送所必需的附加字节,主要是供网络运行、管理和维护使用的字节。

(2)信息净负荷区域(STM-*N*)

信息净负荷区域是帧结构中存放各种信息业务容量的地方。

(3)管理单元指针区域(AU-PTR)

管理单元指针(位于帧结构左边的第4行)用来指示信息净负荷区域内的第1个字节在STM-*N*帧中的准确位置,以便在接收机能正确识别,实现帧同步和复用同步。

(三)SDH的应用

SDH可用于点对点传输、链形网和环形网。SDH环形网的一个突出优点是具有"自愈"能力。当某节点发生故障或光缆中断时,仍能维持一定的通信能力。所以,SDH环网目前得到广泛的应用。由于SDH光纤通信网具有这种自愈能力强的特点，被广泛应用于电力系统通信网。SDH自愈网包括线路保护倒换自愈网和环形网保护自愈网两类。在电力系统SDH通信网选择自愈网的方案时应考虑：①网络的可靠性要高。②网络规划要简单，配置易实现，维护方便。③网络结构应适应业务发展的需要。④成本要低。

合理地选择自愈网，才能使上面的这些问题得到较好的解决，这也是SDH网络设计者所面临的难题。

九、光纤通信在电力系统的应用

从电力系统对通信的要求可知，电力部门要求拥有对整个电网、两站之间、建筑物内使用的各种设备的运行、保护、维护的信息系统。这些信息系统应用光纤通信具有很多优点。首先，不受频率分配的限制，可以按照需求组网，完全满足生产经营管理对通信的需求。其次，有利于组建跨省的大电网的长距离干线通信网，满足低噪声长距离传输。且光纤通信不受电磁干扰，解决了传统的电力线载波通信和同轴电缆通信受到严重的电磁干扰所带来的各种问题，如杂音多、误码率高等问题。再者，光纤体积小、重量轻、可绕性好，便于敷设，可采用架空光缆和电力线并行或采用光纤复合架空地线（OPGW）等，和电力线同杆架设，节省投资和工期。此外，光纤通信受地形限制少，可以方便地与电厂、变电站相结合，便于建设与维护。随着通信网络光纤化趋势进程的加速，我国电力专用通信网在很多地区已经基本完成了从主干线到接入网向光纤过渡的过程。

目前，电力系统光纤通信承载的业务主要有语音、数据、宽带、IP等常规电信业务。电力生产专业业务有保护、安全自动装置和电力市场化所需的宽带数据等。特别是保护和安全自动装置，对光缆的可靠性和安全性提出了更高的要求。可以说，光纤通信已经成为电力系统安全稳定运行以及电力系统生产生活中不可缺少的一个重要组成部分。

近年来，随着电网自动化水平的不断发展，对通信网络提出了更高的要求，不论是在配电网综合自动化系统中还是在变电站综合自动化系统中，光纤通信技术都得到了广泛的应用。利用已有的输电线路敷设光缆是最经济、最有效的。在电力输电线路上架设电力系统特殊光缆主要有以下四种方式。

（一）光纤复合架空地线（OPGW）

这种光缆结构主要分为两部分，光纤单元和铠装外层。光纤单元被覆合在架空地线的内部。光纤复合架空地线的可靠性最高，但相比其他几种而言，价格较贵，适合于新建的输电线路或者需要更换地线的老输电线路。

（二）全介质自承式光缆（ADSS）

光缆全部采用非金属材料，安装时不需要停电，而且通信系统与输电线路相对独立，可以提供数量比较多的光纤芯数，光缆的重量比较轻，价格比光纤复合架空地线相对便宜，安装和维护都比较方便，适合于在原有的输电线路上架设。

（三）架空地线缠绕光缆（GWWOP）

与其他光缆相比，该光缆应用比较早，这种光缆线径较细、芯数少，用专用的机械把光缆缠绕在架空输电线路的地线上，价格相对比较便宜，但由于一些原因，国内在运行中出现过一些断缆事故，因此，目前新上的光缆通信系统应用缠绕光缆的较少，主要应用在一些特殊的环境或修复线路上。

（四）捆绑光缆（AD-lash）

该光缆与架空地线缠绕光缆相似，不过是用专用的机械把光缆捆绑在架空地线或者相线（35 kV）上，光缆线径较细、芯数少，价格也比较便宜，主要应用在一些低压输电线路上和特殊的环境以及修复线路上。

在光纤技术的选择方面，应根据系统的具体情况和发展规划的容量综合考虑。国家电力公司一级主干通信网选择光纤时将考虑以下原则：①光纤的工作波长应当从1 310 nm窗口移到1 550 nm波长窗口；②一般的线路仍然继续采用G.652光纤；③在国家主干线建设中，考虑到以后业务的发展可以在部分关键的线路中建设G.655光纤；等等。

随着技术的不断发展，作为电力系统通信中最富特色的电力特种光缆技术，也在不断发展和完善，新的光缆结构也不断出现在我们的面前；同时，人们对特种光缆的需求也趋向多元化、高标准。可以预见，在未来相当长一段时间内，电力特种光缆将在电力通信网中大规模使用。

第四节 移动通信

一、简述

所谓的移动通信是指在运动中实现的通信。此时，通信双方或至少一方处于运动状态。移动通信包括移动台（汽车、火车、船舶、飞机等移动体）与固定台之间的通信，或移动台之间的通信以及移动台通过基站与有线用户的通信等等。

移动通信应用广泛，特别是在有线通信难以实现的情况下，移动通信的优越性更为突出。移动通信几乎集中了有线和无线通信的所有最新技术成果，使其传输功能大大增强，不仅传输语音信息，而且传输数据、图像和多媒体等信息。由于采用无线方式通信，并且通信是在运动中进行的，与有线通信和固定无线通信方式相比，它有许多特点。

二、移动通信的特点

与固定通信相比移动通信具有如下特点。

电波传播环境复杂。移动通信采用无线电波进行信息传输，信号极易受地形地势、气候等因素的影响，传播条件恶劣[①]。再者，移动台常在城区、丘陵、山区等环境中移动工作，使接收信号的强度和相位随时间、地点的变化而变化，产生所谓的“衰落”现象。移动无线电波受地形、地势的影响，产生散射、反射和多径传播，形成瑞利衰落，其衰落深度可达30 dB。

干扰和噪声比较严重。在移动通信系统中，经常是许多移动台同时工作，不可避免地会产生严重的相互干扰；在服务区内还存在着许多其他移动通信系统，也会产生系统之间电台的干扰，如同频干扰、邻道干扰、互调干扰等，此外，服务区内的汽车点火系统引起的噪声和大量工业干扰也十分严重。因此要采取各种抗干扰措施，确保移动通信质量。

移动通信可利用的频谱资源有限。在无线网中，频率资源是有限的，有限的频率资源决定了信道数目是有限的，这和日益增长的用户量形成了

①梁源，王乙泽．无线电通信在山林火灾中的应用[J]．中国新通信，2022，24(05)：10-12.

一种矛盾。如何提高系统的频率利用率是移动通信系统的一个重要课题。

多普勒效应。由电磁学基本理论可知，当发射机和接收机的一方或多方均处于运动时，将使接收信号的频率发生偏移，即产生所谓“多普勒效应”。移动速度越快，多普勒效应影响越严重。

交换控制、网络管理系统复杂。移动台在服务区内始终处于不确定的运动之中，这种不确定运动可能还要跨越不同的基站区；还有移动通信网络与其他网络的多网并行，需同时实现互联互通等。这样移动通信网络就必须具有很强的管理和控制功能，如用户的登记和定位，信道资源的分配和管理，通信的计费、鉴权、安全、保密管理以及用户越区切换和漫游访问等跟踪交换技术。

可靠性及工作条件要求较高。移动台必须适于在移动环境中使用，应具有小型、轻便、低功耗、操作和维修方便等特点，必要时，还应能在高低温、震动、尘土等恶劣的条件下稳定可靠地工作。

三、移动通信系统的分类

移动通信的种类繁多，其分类方法也是多种多样。移动通信可以按设备的使用环境分类，有陆地、海上、空中三类移动通信系统；可以按服务对象分类，有公共和专用移动通信系统；可以按信号性质分类，有模拟和数字移动通信系统；可以按覆盖方式分类，有大区制和小区制移动通信系统；而更多是按系统组成结构分类。具体如下：

蜂窝移动通信系统。蜂窝状移动电话是移动通信的主体，是全球性用户容量最大的移动电话网。

集群移动通信。集群通信系统，是指系统所具有的可用信道为系统的全体用户共用，具有自动选择信道的功能，是共享资源、分担费用、共用信道设备及服务的多用途和高效能的无线调度通信系统。

公用移动通信系统。公用移动通信系统是指给公众提供移动通信业务的网络。这是移动通信最常见的方式。这种系统又可以分为大区制移动通信和小区制移动通信，小区制移动通信又称蜂窝移动通信。

无绳电话系统。对于室内外慢速移动的手持终端通信，一般采用小功率、通信距离近、轻便的无绳电话机。通过无绳电话的手机可以呼入市话网，也可以实现双向呼叫。其特点是只适用于步行，不适用于乘车使用。

卫星移动通信。利用卫星转发信号实现的移动通信。对于车载移动通信可采用同步卫星，而对手持终端，采用中低轨道的卫星通信系统较为有利。

无线寻呼系统。无线电寻呼系统是一种单向传递信息的移动通信系统。它是由寻呼台发信息，寻呼机收信息来完成的。

四、移动通信的发展

现代移动通信的发展始于20世纪20年代，而公用移动通信是从20世纪60年代开始的。移动通信系统的发展至今经历了第一代（1G）、第二代（2G）、第三代（3G）、第四代（4G）发展，目前已经迈入第五代（5G）。

（一）第一代移动通信系统（1G）

第一代移动通信系统为模拟移动通信系统，以美国的AMPS（IS-54）和英国的TACS为代表，采用频分双工、频分多址制式，并利用蜂窝组网技术以提高频率资源利用率，克服了大区制容量密度低、活动范围受限的问题。虽然采用频分多址，但并未提高信道利用率，因此通信容量有限、通话质量一般、保密性差、制式太多、标准不统一、互不兼容、不能提供非话数据业务、不能提供自动漫游。因此，已逐步被各国淘汰。

（二）第二代移动通信系统（2G）

第二代移动通信系统为数字移动通信系统，以GSM和窄带码分多址（Code Division Multiple Access，CDMA）为主。第二代移动通信系统中采用数字技术，利用蜂窝组网技术，多址方式由频分多址（frequency division multiple access，FDMA）转向时分多址（time division multiple access，TDMA）和码分多址（CDMA）技术，双工技术仍采用频分双工。2G采用蜂窝数字移动通信，使系统具有数字传输的种种优点，克服了1G的缺点，通话质量及保密性能均大幅提高，可实现自动漫游。不足之处是带宽有限，限制了数据业务的发展，尚无法实现移动通信的多媒体业务。且各国标准不一，无法实现全球漫游。

（三）第三代移动通信系统（3G）

工作的频段在2 000 MHz，且最高业务速率为200 kb/s，1996年正式命名为IMT-2000（international mobile telecomsystem-2000）。第三代移动通信系统的目标是能提供多种类型、高质量的多媒体业务：能实现全球无缝覆盖，具有全球漫游能力；与固定网络的各种业务相互兼容，具有高服务质量；与全球范围内使用的小型便携式终端在任何时候任何地点进行任何种类的通信。为了实现上述目标，对第三代无线传输技术（RTT）提出了支持高速多媒体业务（高速移动环境14 kb/s，室外步行环境384 kb/s，室内环境2 Mb/s）的要求。

（四）第四代移动通信技术（4G）

4G也是3G的延伸。4G集3G与WLAN于一体，并能够传输高质量视频图像，它的图像传输质量和高清晰度与电视不相上下。4G系统能够以10 Mb/s的速度下载，比拨号上网快200倍；上传的速度也能达到5 Mb/s，并能够满足几乎所有用户对于无线服务的要求。4G通信技术并没有脱离以前的通信技术，而是以传统通信技术为基础，并利用一些新的通信技术，来不断提高无线通信的网络效率和功能。如果说3G能为人们提供一个高速传输的无线通信环境，那么4G通信则是一种超高速无线网络，一种不需要电缆的超级信息高速公路，这种新网络可使电话用户以无线与三维空间虚拟实境连线。

（五）第五代移动通信技术（5G）

5G是具有高速率、低时延和大连接特点的新一代宽带移动通信技术，5G通信设施是实现人机物互联的网络基础设施。国际电信联盟（ITU）定义了5G的三大类应用场景，即增强移动宽带（eMBB）、超高可靠低时延通信(uRLLC)和海量机器类通信(mMTC)。增强移动宽带（eMBB）主要面向移动互联网流量爆炸式增长，为移动互联网用户提供更加极致的应用体验；超高可靠低时延通信(uRLLC)主要面向工业控制、远程医疗、自动驾驶等对时延和可靠性具有极高要求的垂直行业应用需求；海量机器类通信(mMTC)主要面向智慧城市、智能家居、环境监测等以传感和数据采集为目标的应用需求。为满足5G多样化的应用场景需求，5G的关键性能指标更加多元化。ITU定义了5G八大关键性能指标，其中高速率、低时延、大连接成为5G最突出的特征，用户体验速率达1 Gb/s，时延低至1 ms，用户连接能力达100万连接/平方公里。

五、移动通信系统的组成

陆地移动通信系统一般由移动台（MS，mobile station）、基站（BS，base

station)、移动业务交换中心(MSC,mobile switching center)等组成移动通信网(PLMN),移动通信网又通过中继线与市话通信网(PSIN)连接,在此系统中,移动部分体现在基站与移动台之间,这是移动通信的主体部分。

(一)移动台MS

如手机或车载台,移动台是移动网中的终端设备,它将用户的话音信息进行变换并以无线电波的方式进行传输。

(二)基站BS

与本小区内移动台之间通过无线电波进行通信,并与MSC相连,以保证移动台在不同小区之间移动时也可以进行通信。采用一定的多址方式可以区分一个小区内的不同用户。

(三)移动业务交换中心MSC

MSC是蜂窝通信网络的核心。MSC负责本服务区内所有用户移动业务的实现,一般来说,MSC作用有:信息交换功能;集中控制管理功能;通过关口MSC与公用电话网相连。

(四)中继传输系统

在MSC之间、MSC和BS之间的传输线均采用有线方式。

(五)数据库

数据库是用来存储用户的有关信息的。数字蜂窝移动网中的数据库有归属位置寄存器(HLR,home location register)、访问位置寄存器(VLR,visitor location register)、鉴权中心(AUC,authentication center)、设备识别寄存器(EIR,equipment identity register)等。

基站和移动台设有收、发信机和天线等设备。每个基站都有一个可靠的通信服务范围,称为无线小区(通信服务区)。无线小区的大小,主要由发射功率和基站天线的高度决定。依据服务面积的大小将移动通信网分为大区制、中区制和小区制(cellular system)三种。

大区制:是指在一个基站天线覆盖区内的移动用户,只能在此区域完成联络与控制。此时基站发射功率很大(50 W或100 W以上,对手机的要求一般为5 W以下),覆盖面积大,无线覆盖半径可达25 km以上。其基本特点是:设备较简单、投资少、见效快,但频率利用率低,扩容困难,不能漫游。为了适合更大范围(大城市)、更多用户的服务,必须采用小区制。

小区制：一般是指覆盖半径为2～10 km的多个无线区链合而构成整个服务区的制式，每个小区设置一个基站，此时的基站发射功率很小(8～20 W)。由于通常将小区绘制成六角形(实际小区覆盖地域并非六角形)，多个小区结合后看起来很像蜂窝，因此称这种组网为蜂窝网。这种组网方式可以构成大区域大容量的移动通信系统。小区制具有频率再用的特点，即一个频率可以在不同的小区重复使用。因此，小区制可以提供比大区制更大的通信容量。

中区制：介于大区制和小区制之间的一种过渡制式。

六、移动通信系统的工作方式

移动通信系统的工作方式可以分为单工方式、半双工方式和全双工方式。

(一)单工方式

单工方式是指通信双方在某一时刻只能处于一种工作状态发信或收信，而不能同时进行收信和发信。根据收、发频率的异同，又可分为同频单工和异频单工。通信双方收发使用同一频率的称为同频单工；收发使用不同频率的称为异频单工。

通信双方利用按键控制收信和发信，任一时刻用户只能处于发信或收信状态。当甲方发话时，先按下“收发控制按钮”(简称PT)，这时甲方发信机处于发射状态，乙方则应松开PTT处于接收状态才能收信。乙方回答时，则应乙方按下PTT，甲方松开PT，乙方才能发话，甲方才能收听。

(二)半双工方式

半双工方式是指通信中有一方(常指基站)可以同时收发信息，而另一方(移动台)则以单工方式工作(采用按键发话的异频单工制工作)。半双工方式常用于专用移动通信系统，如调度系统。

(三)全双工方式

全双工方式是指通信双方均可同时进行接收和发送信息。这种方式适用于公用移动通信系统，是广泛应用的一种方式。

大多数双工制系统收发使用相隔足够距离的不同频率工作，称为频分双工(FDD)。模拟蜂窝移动通信系统、GSM及CDMA数字蜂窝移动通信系统等都采用了频分双工体制。

七、移动通信具有的主要功能

(一)网络的控制和交换功能

移动通信网的功能是实现移动用户通过有限的无线信道与市话网中的固定用户自动接续或移动用户之间的自动接续。所以移动通信网络必须有控制和交换功能。其中主要功能有以下几点。

无线信道的选取。在大、中容量移动通信网络中大都采用“专用呼叫信道”的选取方式。

位置登记更新功能。移动台经常移动,必须自动将自己的位置登记到所属的移动通信交换局或被访移动交换局的相应存储器,以便寻呼,实现漫游。

监视和过界切换功能。过界切换包括越区切换和越局切换。所谓越区切换功能,是指移动台从一个小区驶向另一个小区时,由移动通信交换局监视信噪比或场强的变化,而自动切换到另一个小区并保持通信。越局切换是移动通信网中一种非常重要的技术,它必须要求在本局与被访局之间建立识别,查询及借给临时号码的功能。

计费功能。移动用户不同于固定电话,计费方法较复杂。移动用户主收费区不确定,且无线信道又是由多个移动台所共用,仅靠判别主叫无线信道难以确定主叫用户,所以对于移动用户计费必须解决主叫收费区判别和主叫用户识别(即用户号码识别技术);同时还要确定是用何种计时计次的计费方式。

(二)编号方式

号码设计是通信网中最基本的要素之一。移动通信网最基本的号码是:地区号码+移动通信交换局号码+移动用户号码;另一种方案是:移动通信系统识别号码+移动用户号码。

(三)信令方式

移动通信信令方式大致可分为:①控制无线线路的信令。②通信呼叫、应答、拨号、号码登记等信令。③移动通信网和公用通信网的信令。

(四)网络性能

对移动通信网的质量及主要性能应有统一的规定和标准。

八、GSM移动通信系统

(一)GSM系统简介

GSM标准制式的数字蜂窝移动通信主要在欧洲开发和使用,1992年开始投入商用。开放业务的国家主要集中在欧洲,我国亦采用了GSM制式。我国参照GSM标准制定了自己的技术要求:使用900 MHz频段,即890~915 MHz(移动台—基站)和935~960 MHz(基站—移动台),收发间隔45 MHz;载频间隔200 kHz,每载波信道数8个,基站最大功率300 W,小区半径0.5~35 km,调制类型CM-SK,传输速率270 kb/s,手机的发射功率约为0.6 W。

(二)GSM系统的结构

GSM系统结构包括移动台、基站收发信机、基站控制器、移动交换中心、外来用户位置寄存器、本地用户位置寄存器、鉴别中心、设备识别寄存器和操作维护中心等。

MS:移动台,指个人手机、车载站或船载站等。它包括移动设备(ME)和用户识别模块(SIM)。移动台有若干识别号码。作为一个完整的设备,移动台的正常工作由国际移动设备识别码(MEI)提供保障。用户使用时,被分配一个国际移动用户识别码(IMSI),并通过用户识别卡(SIM卡)实现对用户的识别。

BSS:基站系统,它由基站控制器BSC和基站发射BTS两部分构成。BSS由移动交换中心MSC控制,而BTS受BSC控制。BSC是BTS与MSC之间的连接点,为BTS与MSC之间交换信息提供接口,BSC主要功能是进行无线信道管理,实施呼叫和通信链路的建立及拆除,并控制本控制区内移动台的过区切换。BTS包括无线传输所需的各种硬件和软件,如发射机、接收机、天线、接口电路及检测和控制装置。

MSC:移动业务交换中心,它是蜂窝通信网络的核心。在它所覆盖的区域中对MS进行控制,是交换的功能实体,也是移动通信系统与其他公用通信网之间的接口。它要完成移动通信系统的用户信号交换、号码转换、漫游、信号强度检测、切换(交接)、鉴权、加密等多项功能。

VLR:外来用户位置寄存器,是漫游移动用户入网必须存储的有关数据的储存器,它是MSC区域的MS来去所需检索信息的数据库,用以存储呼叫、处理存放数据、识别号码、用户号码等。

HUR:本地用户位置寄存器,它是管理部门用于移动用户管理的数据库。每个移动用户首先都要在原址进行位置注册登记。在此寄存器中主要存储两类信息:一是有关用户的参数;二是有关用户当前位置信息。以便建立至移动台的呼叫路由,例如移动台的漫游号码。

EIR:设备识别寄存器,存储移动台设备参数的数据库,主要完成对移动台的识别、监视、闭锁等功能。只有登记过设备识别号(即有权用户),才能得到通话服务。

AUC:鉴权中心,是认证移动用户身份和产生相应鉴权参数(随机数RAND,符号响应SRES,密钥Ke)的功能实体。AUC对任何试图入网的移动用户进行身份认证,只有合法用户才能接入网内并得到服务。

OMC:操作维护中心,是网络操作者对全网进行监控和操作的功能实体。如:系统的自检、报警与备用设备的激活,系统的故障诊断与处理,话务量的统计和计费数据的记录与传递,以及各种资料的收集、分析与显示等。

通常,HLR、EIR和AUC合置于一个物理实体中。VLR、MSC合置于一个物理实体中。MSC、VLR、HLR、AUC、EIR也可都合置在一个物理实体中。

(三)GSM系统的传输方式

GSM系统主要采用了时分多址(TDMA)技术,TDMA的基本思想是系统中各移动台占用同一频带,但占用不同的时隙,即在一个通信网内各台占用不同的时隙建立通信的方式。这些信号通过基站的控制在时间上依次排列、互不重叠;同样,各移动台只要在指定时隙内接收信号,就能从各路信号中把发给它的信号区分出来。实际上,在GSM系统中既采用了TDMA技术,也采用了FDMA技术。由此引出许多不同的特点,并为移动用户提供更为广泛的业务功能。

GSM蜂窝通信网作为世界上首先推出的数字蜂窝通信系统,具有许多优点:频谱效率高、容量大、话音质量高、较好的安全性以及在业务方面具有一定的优势,如可以实现智能业务和国际漫游等。

九、CDMA移动通信系统

（一）CDMA系统简介

随着社会经济技术的进步和发展，全球性的通信联络日益密切，相应的要求是提供综合化的信息业务，如话音、图像、数据等具有多媒体特征的移动通信业务。为满足这种需求，第三代移动通信网络应运而生，其网络采用数字信令，并结合移动卫星系统，以不同的小区结构，形成覆盖全球的移动通信网络，提供全球话音及不同速率的数据业务等。CDMA技术在全球范围得到普遍的发展，且用户增长的速度惊人。我国也十分重视CDMA技术的发展，在“八五”和“九五”期间先后投入大量的人力和物力去研制CDMA数字蜂窝通信系统的技术。

（二）CDMA系统工作原理

CDMA是一种以扩频通信为基础的调制和多址连接技术。扩频通信技术在信号发送端用一高速伪随机码与数字信号相乘，由于伪随机码的速率比数字信号的速率大得多，因而扩展了信息传输带宽。在收信端，用相同的伪随机序列与接收信号相乘，进行相关运算，将扩频信号解扩。扩频通信具有隐蔽性、保密性、抗干扰等优点。

（三）CDMA系统的传输方式

在FDMA（频分多址）中，不同地址的用户占用信道不同的频带进行通信。在TDMA（时分多址）中，不同地址的用户占用信道不同的时隙进行通信。在CDMA（码分多址）中，所有用户使用相同的频率和相同的时间在同一地区通信，不同用户依靠不同的地址码区分。这样，和其他几种多址方式比较，CDMA方式就显得线路分配灵活，往返呼叫时间不会太长。

与其他多址方式相比，码分多址方式的主要特点在于，所传送的已调波的频谱很宽、频谐密度很低，且各载波可共用同一时域、频域和空域，只是不能共用同一地址码，因此，码分多址具有如下几个优点：①抗干扰能力强；②较好的保密通信能力；③实现多址连接较灵活方便。

（四）CDMA系统的主要特点

由于采用码分多址技术及扩频通信的原理，与使用TDMA方式的移动通信系统相比较，CDMA系统具有以下特点。

大容量。由理论计算以及现场试验证明，CDMA系统的信道容量大约是模拟移动通信系统的10～20倍，是TDMA数字移动通信系统的4倍。

软容量。即容量不是定值，可以变动。在CDMA系统中，用户数目和服务质量之间可以相互折中，灵活确定。

软切换。在FDMA、TDMA系统中，用户越区切换时是先断开原来的连接，再建立新的连接，即所谓硬切换，硬切换有时会引起乒乓噪声，严重时会造成通话中断。所谓软切换是指当移动台需要切换时，先与新的基站连通，再与原基站切断联系，而不是先切断与原基站的联系再与新的基站连通。软切换可以有效地提高切换的可靠性，同时，软切换可以提供分集，从而保证通信的质量。

通话质量好。由香农公式可知，在信道容量一定的情况下，信道带宽和信噪比可以互换，若加大信道带宽，则可适当地减小信号功率。CDMA所采用的扩频通信原理正是基于这一点，它将信号带宽扩展从而降低了对信号功率的要求。

话音激活。统计表明，人类通话过程中话音是不连续的，话音停顿以及听对方讲话等待时间占了讲话时间的65%以上。CDMA系统因为使用了可变速率声码器，在不讲话时传输速率降低，减轻了对其他用户的干扰，这就是CDMA系统的话音激活技术。

功率控制。在CDMA系统中，同一小区各个用户使用同一频率，共享一个无线频道。由于路径远近不同（造成路径衰耗不同）距基站附近的移动平台所发射的信号有可能将距基站远的移动平台所发送来的信号完全淹没，这就是“远近效应”，即距接收机距离近的用户对距接收机距离远的用户的干扰。功率控制是CDMA系统中的关键技术之一。CDMA系统通过正向功率控制和反向功率控制的方法，使远、近的所有移动台的接收信号功率和发射到达基站的信号功率基本相等，从而提高了通信质量。

此外，CDMA系统是以扩频技术为基础，因此具有抗干扰、抗多径衰落、保密性强等其他系统不可比拟的优点。

十、集群系统

（一）集群系统的概念

集群系统（trunking system）是一种专业的无线电调度系统，所谓集群是指系统所具有的可用信道是由系统的全体用户群共同使用。换言之,集群通信系统是一种共用信道的无线电调度系统。它具有自动选择信道功能,可以实现共享频谱资源,分担组网费用,共用信道设备及服务的多用途高效能而廉价的无线电调度通信系统,成为专用移动通信网的一个发展方向。

随着技术的发展,集群系统大多采用了微机控制,使其具备了许多程控电话的功能,如优先等级、会议电话等等。并且集群系统已发展成为一种先进的、较经济的多功能无线调度电话系统,集群系统可工作在甚高频(VHF)和特高频(UHF)波段上。为了避免与蜂窝网的频率互相干扰,国际上规定800 MHz的集群系统应在806 ~ 821 MHz(移动台发),851 ~ 866 MHz(基台发)工作,收发频率间隔为45 MHz,信道间隔为25 kHz,总共有600个信道。由于现在最大的系统为20个信道,所以按20个信道为一组频率,又再分为4个小组,每1小组有5个信道,这是考虑了最小的系统为5个信道的缘故。为了减小相互干扰,信道间要有一定的频率间隔,这也有利于共用天线。我国规定与国际上相同,但信道序号与频率高低正相反(高频率对应高信道序号。例如:我国的1号信道频率为806.012 5 MHz,而该频率对应的国际信道序号是600;我国的600号信道频率为820.987 5 MHz,对应的是1号国际信道)。指配频率时按组或小组来指配。400 MHz及150 MHz频段的集群系统则不分组,由各地无线电管理委员会进行指配。

集群移动通信系统可以实现将几个部门所需要的基地台和控制中心统一规划建设,集中管理,而每个部门只需要建设自己的调度指挥台(即分调度台)及配置必要的移动台,就可以共用频率、共用覆盖区,即资源共享、费用分担,使公用性与独立性兼顾,从而获得最大的社会效益。

(二)集群系统的组成

一个集群通信系统一般由控制中心、基站、调度台、移动平台组成。这是一种在一定范围内使用的移动通信系统,通常采用大区制覆盖,和大区制移动通信网的组成很类似。

该系统是独立的专用系统。如各种车辆调度系统;公安、交警等部门自己安装的系统。

（三）集群系统的分类

集群通信系统的种类繁多。通常有以下几种分类方式：①按信令方式分，有共路信令方式和随路信令方式。②按信号的类型分，有模拟集群和数字集群两种。③按通话占用信道分，有信息集群（亦称消息集群）和传输集群之分。④按控制方式分，有集中控制方式和分散控制方式。⑤按覆盖区域分，有单区单中心制和多区多中心制。

单区单中心制是集群系统的一种基本结构。这种网络适用于一个地区内，多个部门共同使用的集群移动通信系统，可实现各部门用户通信自成系统，而网内的频率资源共享。

为扩大集群网的覆盖，单区制集群系统可相互连成多区多中心的区域网，区域网由区域控制中心、本地控制中心、多基站组成而形成整个服务区。各本地控制中心通过有线或无线传输电路连接至区域控制中心，由区域控制器进行管理。

（四）集群系统的用途和特点

集群通信系统属于专用移动通信网，适用于在各个行业中间进行调度和指挥，对网中的不同用户常常赋予不同的优先等级。

集群通信系统根据调度业务的特征，通常具有一定的限时功能，一次通话的限定时间大约为15 ~ 60 s（可根据业务情况调整）。

集群通信系统的主要服务业务是无线用户和无线用户之间的通信。

集群通信系统一般采用半双工（现在已有全双工产品）工作方式，因而，一对移动用户之间进行通信只需占用一对频道。

集群系统中，主要是以改进频道共用技术来提高系统的频率利用率。

集群系统成本较低，按单个用户计，成本明显低于常规调度系统。集群系统的主要缺点是：由于在通话中可能碰到信道全忙，需要排队等待的情况，因此会产生迟延，使人有说话不连续的感觉。

总之，集群系统属于专用调度移动通信系统，在集群无线通信系统中，系统中的每一个信道都可以为大量用户所使用，系统可以将有限的信道自动分配给大量的用户。它的工作方式为半双工（异频单工）、大区制，可以覆盖较大范围，一般半径为30 ~ 40 km；但由于现在使用单位较多，已不限于只作调度使用了。一般还要求它能与市话网互连，有的还要求双工工作，或扩大覆盖范围，多个小区工作等。

十一、无线寻呼系统

（一）无线寻呼系统简介

无线寻呼的英文为paging，它是由page“呼叫找人”这个词义演化来的。无线寻呼系统（radio paging sytem）是一种单向传输指令的选择呼叫系统，属于一种费用低廉、使用方便，易于普及的个人移动通信业务系统。我国则称之为“寻呼”。这是一种单向通信系统，既可做公用也可做专用，仅规模大小有差异而已。专用寻呼系统由用户交换机、寻呼控制中心、发射台及寻呼接收机组成。公用寻呼系统由与公用电话网相连接的无线寻呼控制中心、寻呼发射台及寻呼接收机组成。寻呼系统有人工和自动两种接续方式。人工方式由话务员将主呼用户需要寻找的寻呼机和需要传递的信息编成信令和代码，代用户搜索被寻呼者。

（二）无线寻呼系统工作过程

寻呼通信的工作过程是这样的，当你要寻呼持有寻呼机的某人时，必须先向寻呼中心拨电话，告知值机员你要寻呼的这个人的寻呼机号码，同时报上自己的电话号码（现在也可以不用告知，寻呼系统可以自动将你拨打的电话号码记下并发送出去）；值机员即可通过控制台向寻呼发射机发出寻呼信息；寻呼发射机发出的无线电波被寻呼人的寻呼接收机收到并确认是寻呼自己号码的信息后，即发出Bi-Bi响声，告知持机人（机主）有人找他，并在寻呼机的显示屏显示出呼叫者的电话号码或其他信息，一次寻呼（单向通信）即告完成。从发信与收信的工作原理上讲，无线寻呼系统与我们所熟知的无线电广播很类似，所不同的是，在形式上广播是点到多点的通信，而寻呼是点到点的通信。实际上寻呼台发出的信号能被所有寻呼机接收，而只有号码符合的寻呼机才有响应。

第五节 数字微波中继通信

一、简述

所谓微波是指频率为300 MHz ~ 300 GHz或波长为1 mm ~ 1 m范围内

的电磁波。微波频段可细分为特高频(UHF)频段/分米波频段、超高频(SHF)频段/厘米波频段和极高频(EHF)频段/毫米波频段。微波通信就是利用该波段的电磁波进行的通信方式。与短波相比,这种传播方式具有传播较稳定,受外界干扰小等优点,但在电波的传播过程中,却难免受到地形、地物及气候状况的影响而引起反射、折射、散射和吸收现象,产生传播衰落和传播失真。在微波波段,电磁波的功率在视距范围的空间是按直线传播的,考虑到地球表面的弯曲,通信距离一般只有几十公里,要进行长距离通信必须采用中继传输方式,将信号多次转发,才能到达接收点。数字微波通信是利用微波作为载体传送数字信息的一种通信方式,它兼有数字通信和微波通信两者的优点。

(一)数字微波通信的特点

微波通信分为模拟微波通信系统和数字微波通信系统。

1.微波中继通信的特点

通信频段的频带宽。微波频段占用的频带约300 GHz,而全部长波、中波和短波频段占有的频带总和不足30 MHz,前者是后者的100 000多倍。占用的频带越宽,可容纳同时工作的无线电设备就越多,通信容量也就越大。一套短波通信设备一般只能容纳几条话路同时工作,而一套微波中继通信设备可以容纳几千甚至上万条话路同时工作,并可传输电视图像等宽频带信号。

受外界干扰的影响小。工业干扰、天电干扰及太阳黑子的活动对微波频段通信的影响小(当通信频率高于100 MHz时,这些干扰对通信的影响极小),但这些干扰源严重影响短波以下频段的通信。因此,微波中继通信信号比较稳定和可靠。

通信灵活性较大。微波中继通信采用中继方式,可以实现地面上的远距离通信,并且可以跨越沼泽、江河、湖泊和高山等特殊地理环境,具有较大的灵活性。

天线增益高、方向性强。中继通信可以减小对发射功率的要求而获得满意的通信效果。另外,由于微波具有直线传播特性,因此,可利用微波天线把电磁波聚集成很窄的波束,使微波天线具有很强的方向性,以减少通信中的相互干扰。

投资少、建设快。在通信容量和质量基本相同的条件下,按话路公里计算,微波中继通信线路的建设费用不到同轴电缆通信线路的一半,而且还可以节省大量的有色金属,另外,建设时间也比后者短。

2.数字微波通信系统的特点

特点有:①抗干扰能力强。要传输的数字信号,经中继站多次转发,站上有再生中继器,经过一个中继段传输后,只要干扰噪声没有达到影响对信号判决的程度,经判决后,就可把干扰噪声消除掉,“再生”出与发端一样“干净”的波形,再继续传输,使得噪声不逐站积累,提高了抗干扰能力。②保密性强,易于进行加密。③便于组成数字通信网。④终端设备便于采用大规模集成电路,因而体积小、功耗低,经济性较显著。

(二)数字微波通信系统的构成

数字微波中继通信线路主干线可长达几千公里,由两端的终端站、若干个中继站构成。中继站又依据对信号处理的不同分为中间站和再生中继站,再生中继站又有上下话路和不上下话路站。

终端站。是微波中继线路中两端的两个站,是将数字终端设备送来的PCM信号经中频调制后再进行上变频为微波信号向另一端发射,同时接收该方向传来的微波信号,下变频为中频并解调成PCM信号送到数字终端设备。

中间站。只对微波信号进行放大和转发。就是将一个方向来的微波信号接收下来变频成中频信号,经放大后再变频成微波信号向另一方向发射,是对两个方向进行微波信号的转发。转接点信号是中频信号,所以又称为中频转接。

再生中继站。是将一个方向来的微波信号进行接收,并解调再生出数字信号送入另一方向的通道,再调制、变频成微波信号向另一方向发射。转接点的信号为数字信号(基带信号),故称这种方式为再生转接(基带转接),再生转接可消除传输中的干扰和噪声,所以数字微波中继通信中大都采用这种转接方式。

二、数字微波中继通信

数字微波中继通信系统涉及的范围很广,其包括通信设备研制与生产的设备总体设计和有关通信线路建设设计与使用的线路工程设计等方面的内容,这里仅对其基本理论及技术上的有关问题加以阐述。

(一)中继站的转接方式

微波中继线路中有大量的中继站,它们的工作方式是不同的,可分为再生转接、中频转接、微波转接三种[①]。

1. 再生转接

频率为f_1的信号经天线馈线和微波低噪声放大后与收本振信号混频,输出中频调制信号经中放放大后再解调,判决再生电路还原出数字基带信号。该基带信号又对中频进行调制,再变频到微波波段频率为f_2的信号经功率放大后由天线发射出去。这种转接是在数字基带接口进行的,也可直接上、下话路,可消除噪声的积累,是数字微波中继通信中常用的一种转接方式。用这种方式,终端站和中继站的设备可通用。

2. 中频转接

接收频率为f_1的信号经天线馈线和微波低噪放大后与收本振信号混频后得到中频调制信号,经中放放大到一定的电平后,再经功率中放,放大到上变频器所需的电平,然后和发本振上变频得到频率为f_2的微波调制信号,经功率放大由天线发射出去,中频转接采用中频接口,省去了解调器,设备较简单。但不能上、下话路,不能消除噪声的积累,只起到增加通信距离的作用。

3. 微波转接

其和中频转接相似,只是微波转接在微波信号上进行。为了使本站发射的信号不干扰本站收的信号,需要有一个移频振荡器,将接收信号频率由f_1变换为f_2发射出去。此外,为了克服传播衰落引起的电平波动,还需要在微波放大器上采取自动增益控制措施。这种转接的中继站,设备较简单,功耗小,和中频转接一样,不能上、下话路,只延长通信距离。

此外,还有微波射频直放中继站和利用金属反射板改变波束方向的无源中继站,来延长微波通信距离,改善衰落储备或克服某些地形障碍。

(二)射频波道的频率配置

为了减小波道间或其他路由间的干扰,提高射频频带的利用率,必须很好地选择和分配射频频率。

①吴广. 电力系统工程中临时通信方案的研究[D]. 重庆:重庆邮电大学,2019:17-18.

1.频率配置的基本原则

在一个中间站，一个单向波道的收信和发信必须使用不同频率，而且要有足够大的间隔，避免发送信号被本站的收信机收到，干扰正常接收的信号。

多波道同时工作时，相邻波道频率之间必须有足够的间隔，以免互相干扰。

整个频谱安排必须紧凑，使给定的频段能得到经济的利用。

因微波天线和天线塔建设费高，多波道系统要设法共用天线，所以频率配置方案有利于天线共用，达到建设费用低，又能满足技术指标的要求。

对于外差式收信机，不应产生镜像干扰，即不允许某一波道的发信频率等于其他波道收信机的镜像频率。

根据上述的原则，当一个站上有多个波道工作时，为了提高频带利用率，对一个波道而言，宜采用二频制，即两个方向的发信使用一个射频频率，两个方向的收信使用另外一个射频频率。

2.射频波道的频率再用

射频频率再用，就是在相同或相近的波道频率位置，借助于不同极化方式来增加射频波道安排数的一种方式。它是提高射频频谱利用率的一种有效方法。我们知道微波的极化特性，利用两个相互正交的极化方式（水平与垂直极化），可以减少它们之间的相互干扰。通常有两种方案：一是同波道型频率再用，其主用与再用的波道频率是完全重合的；另一种是插入波道型频率再用，主用与再用波道频率是相互错开的，能否采用上述频率再生方案则取决于接收端天线的交叉极化鉴别率。

第三章 电力通信网络中相关信息化技术

第一节 传统电力通信网络的局限性

一、传统配电通信网测试分析

针对电力业务对通信的需求，笔者对重庆市某电力公司配电通信网进行了调研和测试，该局中配电通信网络骨干层一直以SDH/MSTP技术为主，所承载的业务主要包括E1业务和以太网业务，各变电站与开闭所的配电终端采用光猫（光纤调制解调器）组成光纤自愈环网，作为电力接入网，接入网设备光猫通过开闭所的配电子站和交换机的E1口连至变电站内的多业务传送平台（multi- service transport platform，MSTP）设备，从而完成接入层到骨干层的对接。

（一）时钟节点设置

配电主站时钟类型设置为配电主站BC，BC设备有多个PTP通信端口，其中一个端口作为Slave，其他端口作为Master，每个端口提供独立的PTP通信，骨干层其他MSTP设备设置为变电站TC。

挂接在配电子站，与MSTP设备直连的节点交换机设备为BC模式，接入环上其他设备都设置为TC。

与TC相连的配电终端装置都设置成配电终端OC。

配电主站接收上级时钟对时，传给骨干层上其他设备的TC节点，接入层节点交换机BC接收到此报文传给接入环上其他TC节点设备，TC转发时钟报文透传到配电终端设备OC上，实现自身时钟同步，完成校时过程。

（二）以太网业务映射到VC-12的丢包率

测试时，终端设备OC节点连接以太网性能分析仪IXIA1600，在服务器端分别设置发送包的字节为64 B、128 B、256 B、512 B、1 024 B、1 280 B、

1 518 B，调节吞吐量下的速率百分比，通过以太网性能分析仪获取终端和服务器的丢包率信息。

整体来看，随着吞吐量下速率百分比的增加，丢包率越来越大，当速率达到200%时，丢包率达到50%左右，很明显，MSTP设备组网的配电业务带宽利用率过低，这是电力通信网的配电自动化、继电保护等生产实时控制业务所不能接受的；横向来看，吞吐量下速率百分比相同，随着发包字节递增，丢包率没有太大变化，说明MSTP是独立管道，可以满足单个业务类型的带宽需求，但无法实现多业务区分服务。

二、传统配电通信网络组网模式局限性

传统配电通信网络结构中，各变电站与开闭所的配电终端采用光猫组成电力接入网，接入网采用直连环结构，通过配电子站的节点交换机挂接到变电站内的SDH/MSTP设备上①。

整个系统依靠上级传下来的时钟对时，没有备用时钟，上级时钟如果发生故障，整个系统就会陷入瘫痪；而且在直连环结构中，接入层校时主时钟是配电子站的节点交换机，节点交换机直接连到骨干层的配电子站SDH/MSTP设备上，接收上级传下来的时钟，向接入环上所有节点广播时钟报文完成校时。当上层设备故障，节点交换机接收不到上级时钟信号时，交换机作为BC节点，就会调用BMC算法（最佳主时针算法），把自身抽象成一个主时钟，它的本地时钟作为接入环上的主时钟，将时钟报文传递到环上所有TC节点设备，再由TC节点设备发送时钟消息到各配电终端OC节点，整个接入环上时钟同步，自成系统形成环内的一个时间孤岛。

这种方式过分依赖节点交换机，如果这个节点交换机发生故障，那整个接入环时钟无法同步，进而影响配电业务的实时传递和正常运行。

三、传统配电通信网络组网技术局限性

传统配电通信网采用的是MSTP设备组网方式，以VC12［SDH对于2 Mb/s业务的虚容器（virtual container，VC）］作为配网业务的基本传输单元，其接入层一般为155 Mb/s或622 Mb/s环网，提供给变电站的接入带宽为E1的2 Mb/s电路，虽然MSTP具备SDH的STM-n接口，集成了以太网二层

①刘栋．基于SDH+EPON的智能配电通信组网设计与研究［D］．太原：太原理工大学，2020:25-26.

交换功能，但对于IP业务传动带宽不足。

从MSTP网络结构及其所采用的传输技术上分析，其针对电力通信网业务承载存在以下几点局限性。

SDH/MSTP都采用刚性管道，所有管道都按照时分复用（TDM）机制分配固定的带宽管道，电路配置都是人工静态配置的，不具备动态带宽分配特性，对业务需求的变化反应很慢，无法适应电力业务的高带宽需求。

基于电路交换的SDH/MSTP技术对于一个百兆的业务，带宽是0～100 Mb/s，如果仅用几个VC12来封装，则会造成丢包；为保证不丢包，SDH需要封装足够大的带宽，一个VC4可以封装140 Mb/s业务或50个VC12，2 Mb/s×50=100 Mb/s来传送，实际上大部分情况下这个带宽是用不满的，会出现很多空闲带宽的浪费，而PTN（分组传送网）是弹性管道，介于SDH（TDM）刚性管道与IP的无连接（非管道）传送之间，可以提高电力业务的带宽利用率。

MSTP采用VC12/VC4的电交叉，仅仅是端口级的IP化，技术核心是窄带TDM，对于以太网业务只能提供有限的CoS（服务类别），无法实现QoS（服务质量）支持；MSTP线路侧使用STM-*n*光接口将SDH中的虚容器指配给以太网端口，独享SDH提供的线路带宽，这种承载方式增加了以太网盘，对于越来越普及的突发性强、带宽需求不固定的IP分组业务为主的电力通信业务而言，其封装、映射处理代价较大，带宽共享能力局限于单板，还不能对整个环业务进行共享，难以适应以太网业务的突发性与速率可变性特点以及多个以太网业务的统计复用和带宽共享，缺乏灵活性。

目前在电网运行中，复用继电保护装置与通信光传输设备SDH间以2 Mb/s电口互联，导致了连接复杂、光电转换设备缺少统一的接口标准、光电转换设备不能网管监控等问题。

第二节　电力通信网络

一、电力通信网介绍

（一）电力通信网概述

电力系统是由发电、输电、变电、配电和用电几个部分组成的，这几个部分一般都是分散在各个地区[①]。

发电环节利用风电、太阳能等分布式电源接入技术及特高压大容量电源并网相关技术高效发电，同时利用分布式发电的配电网规划和计算分析程序开发结合调度中心实时调整电力生产结构等实现发电端智能化。

输变电环节以铁塔和高压电力线为传输介质，通过输变电设备带电检测与在线监测结合，完成重要输变电设备的状态评估、故障诊断、状态检修和灾害即时预警，并向调度中心反馈实现智能管控，提高了电网输变电信息化和自动化水平。

配电环节是与用电环节直接关联的关键节点及薄弱环节，主要由监测终端、数据传输网络、电能质量综合管理系统等构成的配电网状态综合监测网，为配网运行维护和技术监督管理提供实时、有效的业务数据支持，通过对采集的监测信息实现配网技术监督的实效化和信息化，实现合理控制配变负载率，及时调整三相供电负荷大小，减少配网线路无功流动等，达到节能降损的目的。

用电环节主要针对用户端的电能量智能量测，并针对用电采集信息系统建设将带来的运行电能表大量轮换情况，预留业务信息带宽及通信网建设，同时，随着电动汽车的应用，相应建设电动汽车充放电装置测试及参数采集系统，实现电动汽车充放电装置参数的数据采集。

（二）电力通信网业务特点

1.发电环节

分布式能源站DER中的SCADA（数据采集与监视控制系统）、AGC（自动发电量控制）、AVC（自动电压控制）控制信息和储能站状态监测、控制、管理信息与配电网调度端交互通信时延都为几百毫秒或秒级，通信带宽为128 kb/s ~ 1 Mb/s级，对通信的可靠性要求高，地理分布广，电力通信网需要扩大覆盖。分布式能源站预测负荷曲线通常为15 min一次，24 h96点预测点曲线上传调度端，通信时延为分钟级，通信带宽约为5 kb/s左右。

2.变电环节

智能变电站通信支撑平台按照完成功能分站内通信、站间通信、通信规约三部分。按照《电力二次系统安全防护规定》（电监会5号令）要求分

①张文华．面向系统灵活性的高比例可再生能源电力规划研究[D]．北京：华北电力大学，2021:23-24.

为生产专用网络与信息管理网络,生产专用网络主要指IEC 61850体系的MMS(制造报文规范)、GOOSE(面向通用对象的变电站事件)、SMV(采样测量值)网。信息管理网络主要指承载设备状态监测、环境监测、语音、数据、视频等通用业务网络。智能变电站站内通信带宽为几十兆左右,IEC 61850-5-13将变电站时间同步报文精度根据不同需求分为T1~T55个等级,用于测量的过程层采样值对时间同步精度的要求最高,为+1 μs;站控层同步精度要求相对较低,为±1 ms,由于智能变电站具备智能化站控层系统,能够把本地监测生数据处理为熟数据上送调度端,数据处理时延通常为100~200 ms。

3.输电环节

随着电网发展,输电线路监测和杆塔防护将要求更多信息量的传输和高清晰度视频监控,对带宽的要求越来越大。其通信时延要求不大于1 000 ms,通信带宽约要求1 Mb/s以上,需要采用光纤通信技术来实现,部分通信点可以采用无线宽带技术实现。

4.配电环节

目前配电网线路保护业务采用不需要通信通道的电流保护方式,智能电网时代保护方式将发生改变,利用配网通信通道进行纵联网络保护方式。配电网线路保护不需要考虑电力系统稳定性因素,只需要考虑保护电力元器件,故动作时间比高压输电网线路保护动作时间略长,数百毫秒,通信通道时延不大于100 ms,通信带宽约为128 kb/s~1 Mb/s,其对通信点可靠性和安全性要求很高。

5.用电环节

电力用户智能电表实时采集用户用电量信息、各智能家电用电功率、状态等信息给配电调度,向用户传送实时电费、分时电价、智能家电控制等信息。电力用户智能电表将有非常大的通信节点数,按1个110 kV站通常20条10 kV出线,配电400个台区计算,每个110 kV变电站覆盖范围内共有20万户左右的智能电表。电力用户智能电表通信包括远程通信(配电台区集抄点至主站)和短距通信(智能电表至配电台区)两部分,其中远程通信在实现控制类业务时,需要采用电力通信专网承载,在仅实现信息采集业务时,可因地制宜选择电力通信专网或公网通信资源;短距通信一般采用电力通信专线(485总线、电力线载波、无线自组网等)实现。

(三)电力通信网业务承载

电力行业的通信系统为电力生产类业务和管理类业务提供传输和数据通道,其中生产类业务可以划分为生产实时控制类业务和生产非实时控制类业务,随着电力通信业务IP化的发展,生产实时控制类业务是电力通信网的重点和难点。生产实时控制类业务包括继电保护、安稳系统以及调度自动化等,电力系统继电保护是电力系统安全、稳定运行的可靠保证。安稳系统是指由两个及以上厂站的安全稳定控制装置通过通信设备联络构成的系统,其主要功能是切机、切负荷,实现区域或更大范围的电力系统的稳定控制。调度自动化提供用于电网运行状态实时监视和控制的数据信息,实现电网控制、数据采集(SCADA)和调度员在线抄流、开断仿真和校正控制等电网高级应用软件(PAS)的一系列功能。这些业务都通过电力通信网络功能平面来承载。

电力通信网业务承载平面包括底层承载平面、业务网络平面和应用平面。业务网络平面包括调度数据网、综合数据网、调度交换网、行政交换网。调度数据网与综合数据网作为数据网络通道,分别承载生产检测、控制信息和环境监测、管理信息。应用平面主要包括各种业务应用,如调度电话语音业务、行政电话语音业务、调度数据业务、综合数据业务、视频会议业务等。传统底层承载平面采用SDH/MSTP和以太网传输平台共同构建,分别支持不同业务系统,设备重复建设。

在生产业务中,对实时性要求最高的语音电话和视频会议等业务直接承载在SDH/MSTP平台的TDM通道上;保护、生产、自动化等数据业务直接承载在以太网平台,对实时性要求略低的调度管理信息、电能采集、故障监测等业务承载在调度数据网上,而调度数据网主要是通过路由器和交换机组网,连接方式为裸光纤直连(短距离),或借助SDH/MSTP的通道(长距离),通过155 M/622 M的POS口或者2M口连接到SDH/MSTP设备。

管理业务中的行政办公信息数据及财务、营销管理信息数据等主要承载在综合数据网上,综合数据网同样是通过路由器和交换机组网,组网方式和调度数据网类似,只是两张网承载的业务不同,出于系统安全考虑物理上完全隔离。

二、电力通信网承载业务分析

(一)配电自动化

配电自动化系统基于各配电终端设备信息的采集,并通过对采集数据的分析计算和相关应用系统的信息集成,实现对配电系统的监测与控制。

1.四遥业务

根据配电自动化承载的业务分析,应用软件采集的信息与管理主要包括"四遥",即遥测、遥信、遥控、遥调,对应分为模拟量、状态量及控制量三种数据类型。

遥测(tele-measurement):远程量测值。RTU(远方数据终端)将采集到的厂站运行参数按规约传送给调度中心(上传),包括:电压、电流等,容量达几十到上百个(路)。

遥信(tele-indication;tele-signalization):远程状态信号。RTU将采集到的厂站设备运行状态按规约传送给调度中心(上传),包括:断路器和隔离刀闸的位置信号等,容量达几十到几百个。

遥控(tele-command):远程命令。调度中心发给RTU的改变设备运行状态的命令。

遥调(tele-adjusting):远程调节命令。调度中心发给RTU的调整设备运行参数的命令。

2.业务规约

电力远动设备监控业务的实现采用多种业务规约,其中,配电站远动终端业务规约主要有适用于RTU(远动终端)的IEC 60870-5-101以及基于IEC 60870-5-101的网络化业务规约IEC 60870-5-104,在国家电网公司出台的Q/GDW382—2013《配电自动化导则》中规定业务终端配电终端通信规约宜采用DL/T634《远动设备及系统》标准(IEC 60870)的104、101通信规约或满足DL/T860变电站通信网络和系统标准(IEC 61850)的协议。

101规约主要应用于SCADA中主控站和被控站即远动终端之间的报文交互,定义了两者之间以问答方式进行数据传输的帧格式、链路层的传输规则、服务原语、应用数据结构、应用数据编码、应用功能和报文格式。104规约采用标准传输文件集的101网络访问,即将101规约与TCP/IP提供的网络传输功能相组合,使得101规约在TCP/IP内各种网络类型都可以使用。

3.业务指标

在电力系统中,配电自动化业务通过配电终端实现,而配电终端实现的业务包括:数据采集与监视控制(SCADA)、能量管理、继电保护信号、调度电话、视频监控等,完成配电自动化系统中配电管理与监测的实体为配电SCADA,该业务带宽要求为64 kb/s ~ 2 Mb/s,通道误码率不大于10^{-9},主要满足配电网设备(FTU、DTU、TTU)监测信息、自愈控制信息、故障定位信息的传送,自愈动作速度要求小于3 s,除去元件采集和调度系统处理时间,双向通信通道时间应小于1 s,则单向通信时延要求小于100 ms,通信带宽约为30 kb/s级别。

(二)用电信息采集

用电信息采集系统是应用自动化手段,由主站通过通信通道(有线、无线、电力载波等)将多个电能表电量的记录值信息集中抄读,系统主要由采集用户电能表信息的采集终端、集中器、信道和主站系统等设备组成。

1.数据采集方式

电力用户用电信息采集系统的采集对象为所有电力用户,包括:大型专用变压器(以下简称专变)用户(A类)、中小型专变用户(B类)、三相一般工商业用户(C类)、单相一般工商业用户(D类)、居民用户(E类)、公用配变考核计量点(F类)。本测试系统主要面向的业务为:E类的居民用户用电信息采集。根据所采用的通信信道、数据采集目的等特点,可以将数据采集的方式概括为以下四种。

主站定时自动采集:系统主站根据管理员所设定的定时任务,定时(如每日、每周等)向信息采集终端收集各类数据,并给出相应的运行记录。这种方式可以实现对批量终端的数据自动采集。

采集终端定时上报:在诸如GPRS、CDMA等全双工通信方式下,采集终端根据系统任务设置情况,按规定基准时间、任务周期、任务类型向主站上报所要求的数据。

随机采集:主站可以任意选址、选项对指定的采集终端中指定的数据进行数据随机采集。召测的数据可以是实时数据、历史数据。

事件响应:系统可及时响应用户端事件及终端记录的一级事件。在严格的主站与终端的主从通信方式下(如230 M通信),终端的告警以事件形式主动告知，主站以召测事件记录为响应。

2.业务规约

在电力系统中，电力用户用电信息采集系统主站和采集终端之间采用点对点、多点共线以及一点对多点的结构，主站与终端通信采用主从问答方式及主动上传方式，业务规约采用Q/GDW1376.1—2013电力用户用电信息采集系统通信协议主站与采集终端通信协议。

376.1规约采用增强性能体系结构，链路层传输为"低位在前，高位在后，低字节在前，高字节在后"的传输顺序，采用FT1.2异步式传输帧格式，但应用层（链路用户数据）格式与配电自动化有区别。

3.业务指标

抄表业务流每户抄表信息量不超过50 B，延迟小于2 s，每户所需带宽为200 b/s，该类型对网络的延时和抖动要求不高。

（三）继电保护业务

继电保护是电力系统安全、稳定运行的可靠保证。继电保护信号是指变电站继电保护装置间和电网安全自动装置间传递的远方信号，是电网安全运行所必需的信号，电力系统由于受自然的（雷电、风灾等）、人为的（设备缺陷、误操作等）因素影响，不可避免地会发生各种形式的短路故障和不正常状态，继电保护的任务就是当电力系统出现故障时，给控制设备（如输电线路、发电机、变压器等）的断路器发出跳闸信号，将发生故障的主要设备从系统中切除，保证无故障部分继续运行。

1.继电保护装置

变电站系统分为三层：过程层、间隔层、站控层。过程层完成变电站电能分配、变换、传输和测量等相关功能，间隔层设备一般指继电保护装置、测控装置、故障录波等，实现与各种远方输入/输出、传感器和控制器通信。站控层包含自动化系统、通信系统、对时系统等子系统，完成数据采集和监视控制（SCADA）和电能量采集等功能。

2.业务指标

在电力系统中，对通信有要求的继电保护主要是线路保护，线路保护应用在输电线路上，包括500 kV、220 kV和部分110 kV线路，线路保护的信息流量比较小，小于64 kb/s，但对通道的可靠性和时延要求高，如果继电保护装置在电流速断灵度低的情况下短路电流就会超标，出现保护误动作，就会对变电站系统中的继电保护业务造成干扰。在输电线路上，500 kV线路的保护动作时间一般要求小于0.1 s，220 kV线路的保护动作时间要求一般小于0.2 s，除去保护装置的处理时间，线路保护业务传输时延小于10 ms。

三、电力通信同步网

国家电力通信网已逐渐由模拟通信转为数字通信。为了适应当前电力系统通信发展的需要，利于在网上开通各种新的业务，如SDH、智能业务、ISDN业务、多媒体业务等，必须解决网同步问题。这就促使我们尽快建立一个全国性的、准确度高、性能良好、稳定可靠的数字同步网。由于它对保证通信网正常运行起着重要作用，因此，人们常把它与电信管理网、七号信令网并称为通信系统的三大支撑网。其实同步网与后两者相比是最基础的部分，如果没有网同步的环境，网络管理信息、七号信令数据都无法正常传送。

（一）基本概念

在数字通信网络中，传输链路和交换节点上流通及处理的均为数字的信号比特流，为实现它们之间的相互连接，并能协调地工作，就必须要求其所处理的数字信号都具有相同的时钟频率。所以，数字同步就是使网中的数字设施的时钟源同步。作为电力通信网的一个重要组成部分，数字同步网能够生成高精度的同步信号并准确地将同步信号从基准时钟源向同步网各同步节点传递，从而调节同步网中的时钟以建立并保持同步，满足电力通信网传递业务信息所需的传输和交换性能要求，这是保证网络定时性能的关键。

（二）数字通信网实现同步的必要性

目前，我国运行中的通信网基本已经数字化，即传输和交换都是数字设备。通信网使用的时分多路复用传输系统主要有准同步数字系列（plesiochronous digital hierarchy，PDH）和同步数字系列（synchronous digital hierarchy，SDH）。PDH复用逐级进行，因为被复接的支路信号可能来自不同方向，各支路信号的码率和到达时间不可能完全相同。因此，在复接前各支路的码率应相等，且划分比特流段落的帧同步码应对齐，即频率和帧同步码要同步。为此，PDH采用码速调整技术。

SDH可进行整套同步数字传输。复用和交叉连接为标准化数字传送结构等级,其同步传送模块(STM-1)是基本信息结构,由信息净负荷、段开销及管理单元指针组成。在SDH系统内,各网元(如复用器)间的频率差是靠调节指针值来修正的,即使用指针调整技术,解决节点之间时钟差异带来的问题。指针调节是把净负荷起始点向前或向后移动与帧相关的字节。因为SDH以字节为单位进行复接,所以,指针进行调节也是以字节为单位。一次指针调节引起的抖动可能不超过网络接口所规定的指标,一旦指针调节的速率不能控制,而使抖动频繁出现和积累,并超过网络接口抖动的规定指标时,将引起净负荷出现错误。因此,在SDH系统的网元内,时钟也应保持同步,并纳入数字同步网。

SDH设备在正常工作时,有几种同步时钟源作为跟踪的参考基准:内部时钟源、接口板时钟源、由线路板信号和支路板信号提供的同步时钟基准。外部时钟源由外部同步源设备(如BITS)提供同步时钟基准,由外部时钟接口引入。类型是2 Mb/s或2 MHz的外部时钟定时信号,同时还能向外部时钟输出口输出两路2 Mb/s或2 MHz的定时信号。在SDH传输过程中,子网元设备由于2 Mb/s信号传输距离长,有同步状态信息功能,因此,应优选2 Mb/s信号。在干线SDH传输系统中,为了保证传输系统的高稳定性,采用两路时钟信号作为时钟源,其中一路采用高级别的原子钟,另一路采用主站内部振荡模式,传输系统子站从线路侧取子站两路时钟互为备份。其保护原理为当两路时钟基准源源于不同时钟源时,时钟的质量可能有些差异,因此使用同步状态消息(synchronization status message,SSM)作为定时质量标记方法,以便选取最高质量的时钟源作为网络同步的时钟源。

数字交换设备通过数字信号中的时隙交换来完成时隙的重新安排。在信号进入交换网络之前,需具备以下时隙交换条件:①参加交换的数字信号帧要在时间上对齐,即与各路信号帧同步;②各路信号的码率要以交换设备的时钟速率为准,转换成相同的码率,使时隙具有相同的速率,才能准确无误地进行时隙交换。

参与交换的信号可能来自不同的交换节点和传输设备,到达时间不可能完全相同,信号码率与本地时钟可能不同步,需进行帧同步和比特同步。如外来信号与设备内时钟频率有差异,在比特同步时将产生滑动。滑动会使信号受到损伤,影响通信质量。若频差过大,则可能使信号产生严重错误,甚至会使通信中断。

(三)同步网同步方式

数字同步网的同步方式主要有:主从同步方式、互同步方式、准同步方式、混合同步方式。

主从同步方式。主从同步方式是指在同步网内设置一系列的等级时钟,最高级的时钟称为基准主时钟,上一级时钟和下一级时钟形成主从关系,即主时钟向其从时钟提供定时信号,从时钟从主时钟提取信号频率。在主从同步网中,基准主时钟的定时信号由上级主时钟向下级从时钟逐级传送,各从时钟直接从其上级时钟获取唯一的同步信号。通过使用锁相环技术,使从时钟的相位与定时基准信号的相位保持在一定的范围内,从而使节点从时钟与基准主时钟同步。主从同步的优点是从时钟频率精度性能要求较低,控制简单,适合于树型结构和星型结构,组网灵活,稳定性好等。缺点是对基准时钟的依赖较大,因此需要采用基准时钟备份等措施;同步信号多级传递后,由于链路引起的抖动、漂移不可避免,因此同步范围受到限制(一般规定基准时钟的频率信号逐级传送的节点数应小于20跳);在规划同步传输链路时要避免定时环路。

互同步方式。互同步方式是指同步网内各个节点接收与其相连的其他节点时钟送来的定时信号,并对所有接收到的定时信号频率进行加权平均,以此来调整自身频率,从而将所有的时钟都调整到一个稳定、统一的系统频率上。但由于网络系统复杂,因此网络稳态频率不确定且易受外界因素的影响。

准同步方式。准同步方式是指在网内各个节点上都设立高精度的独立时钟,这些时钟具有统一的标称频率和频率容差,各时钟独立运行,互不控制。虽然各个时钟的频率不可能绝对相等,但由于频率精度足够高,频差较小,产生的滑动可以满足指标要求。准同步方式的优点是简单、灵活;缺点是对时钟性能要求高,成本高,同时存在周期性的滑动。

混合同步方式。混合同步方式是指将全网划分为若干个同步区,各同步区内采用主从同步方式,即在每个区域内设置一个主基准时钟,本区域内其他节点时钟与区域主基准时钟同步,各同步区域主基准时钟之间则采用准同步方式。这种混合同步方式可以减少时钟级数,使传输链路定时信号传送距离缩短,改善同步网性能。当同步区内采用精度高的主基准时钟时,可减少同步链路的周期性滑动,满足定时指标要求,网络可靠性更高。

(四)同步网建网原则与时钟选择

1.建网基本原则

组建时钟同步网的基本原则可归纳为以下五条:①网内应避免定时环路的出现,若出现定时环路,则所有的时钟都将与基准时钟隔离,网络有可能短时失去同步,使通信中断,造成损失。另外,出现定时环路后,即便不出现短时失步问题,也会由于定时参考信号的反馈作用,使时钟频率出现不稳定,从而导致定时信号恶化。②各级从站地从时钟,应从不同的路由获取自己的主、备用基准信号,这样做时也是为了防止定时环路的出现。③各级从站地从时钟,其主、备用基准信号,可以从其高一级的时钟设备中获取,也可以从其同级时钟设备中获取。④应尽量减少定时链路内介入时钟的数量,否则会影响同步性能。⑤为了提高传达同步基准时钟信号的可靠性,应选择可用性最高的传输系统,并尽量缩短定时链路长度。

2.基准时钟选择

实际中使用的时钟类型一般有以下三种:①铯原子钟:其长期频率稳定度和准确度都很高,一般不低于1×10^{-12} s。因此,可把它作为全网同步最高等级的基准时钟。但它的缺点是短期稳定度不够理想,可靠性也较差,而且其无故障时间不会超过3年。为了克服这一缺点,基准中心应配备多重备用,并应具有自动倒换的功能。②恒温下的石英晶振:其短期频率稳准度可达10^{-10} s/d,可靠性也较高,并且其价格相对低廉,频率稳定范围也宽;缺点是长期稳准度不够好。由此可见,石英晶振与铯原子钟的特性正好相反,两者可互补。高稳定度的石英晶振通常被用作下级局级地从时钟标准。③铷原子钟:其频率稳定度及价格等方面,均介于上述两种时钟之间,并且其频率可调范围还优于铯原子钟。因此,可将其用作同步区内的基准时钟。

除了上述三种可供选用的时钟外,全球定位系统(global positioning system,GPS)也可作为基准时钟使用。GPS导航卫星在离地面约20 000 km的近圆轨道上运行,其安装有频率稳定度高达1×10^{-13} s的原子钟,并以两种频道向地面发射,可供使用。然而GPS非国内设施,由他人控制。故在考虑地面时钟设施时,可采用铷原子钟或者晶振和GPS接收机联合作为基准时钟使用。正常情况下,铷原子钟以主从同步的方式锁定在所接收到的GPS提供的高精度频率信号上,一旦接收失败,则高稳定度的铷原子钟或者晶振仍可在短时间内维持同步网正常工作。对基准时钟的特性通常可用两个指标进行检测:其一,最大时间间隔误差,它用来表征时钟的漂移特性,这一指标可以对时钟长期频率稳准度进行考察;其二,时间偏差,它用来表征时钟抖动等特性,该指标可以用来考察时钟短期频率稳准度。

(五)省级电力通信网

全网的频率同步是保证网络性能和服务质量的关键,尤其是基于电路交换的网络。此前,在组建电力系统通信网的过程中,曾忽略对时钟的要求,目前,在下一代网络中,仍需高质量的频率同步。为了保证各级通信设备在时间上的高稳定度,在建设通信网的初期应该考虑以下问题:该时钟能跟踪GPS及地面参考源和北斗卫星,互为备份;能够组建时间同步网,可以跟踪上级时间同步节点的时间源,也可以向下级时间同步节点分发时间;支持时间时延的自动补偿功能;能够纳入网管中心统一管理和维护;具有丰富的时间同步接口和较高的端口密度;内置光收发模块,通信机房和保护室之间通过光纤组网,且时延可自动补偿。

省级电力通信网的飞速发展,作为其重要支撑的同步网也相继建立,包括频率同步网及时间同步网。省级电力通信网的频率同步网和时间同步网目前均已处在运行状态,但在组网建设上仍存在着许多不足,在资源利用率以及网络优化上的问题都亟待解决。省级电力通信网的频率同步网在中调上设置GPS接收机以及基准时钟,在各地调上则建有大楼综合定时系统(building integrated timing supply,BITS)以及地面时钟,而时间同步网则建设在中调、地调和变电站,利用GPS设备以及时间分配器。频率同步网采用的是SDH网络进行同步信号传输,拥有安全稳定的地面链路。因此在GPS无法工作的情况下,整个网络也可以凭借中调的基准时钟通过地面传输定时信号稳定运行。而时间同步网则采用孤立的GPS准同步方式,若GPS发生故障,时间同步便遭到严重破坏。

目前省级调度数据网采用路由器及MPLS(多协议标签交换)技术分三层建设,以信通集团公司为中心的五个节点组成核心层,其余地市局节点构成网络的汇聚层,500 kV站和直调电厂组成接入层。分布在各地区的设备采集信息后,依次通过接入层、汇聚层和核心层将数据信息传输到信通中心。但随着数据网的发展,新站点与新业务不断加入其中,调度数据网需要在网络链路结构上进行改进,并在重要链路带宽上进行升级。

调度数据网将是一个复杂分层大网络,随着新节点的不断加入,设备分布分散化程度增加,若采用GPS进行时间同步,会带来很大的建设负担。且在GPS失效情况下,各时钟独立工作,但由于时钟数量巨多,时钟同步质量存在差异,会导致产生明显的时间偏差,影响同步精度。因此,根据未来通信网的规划,时间同步网的建设需要摆脱单纯对GPS的依赖,建设地面同步网络来达到对更大规模通信网的同步需求。

从现存时间同步网以及未来通信网的规划上看,省级电网在时间同步网的建设上,应该采用GPS与地面链路传送结合的方式。在地面链路传输中,采用OTN+PTN组网方式,OTN与PTN网络均具有强大的信息承载能力,可以充分满足省级复杂大电网及通信协制系统对同步信号的需求,也与数据调度网保持一致。在时间同步信号传输上,采用IEEE 1588时间同步协议。IEEE 1588协议能够提供亚微秒级别的时间精度,完全能够胜任为复杂网络中的电力设备提供精准时间信号的任务。

以电力SDH传输网为例,在电力通信的干线传输网和市区SDH传输网上,采用冗余的主从同步方式,即在地区调度中心放置1台带冗余时间同步设备(带GPS校正的铷原子时钟),其功能为跟踪GPS或者北斗卫星的时钟,中心站通过V.24协议将DCLS时间码承载到传输网作为主时钟,电厂和变电站的传输从中心站主时钟上取线路侧时钟;调度中心的中心站SDH网元内部振荡的时间作为中心站主用时钟备份;时间在传输网上的时延按照原理可以在接收端自动补偿。当卫星不可用时,将主用时间源GPS或者北斗卫星切换到备用时间源上,避免进入守时状态,站点安装有精度相对较GPS校正原子钟低一级别的二级GPS时钟作为其中心站主时钟,传输中心站SDH设备选用内部振荡模式作为备用时钟。

四、电力通信接入网

(一)电力通信接入网概述

接入网是整个电信网的一部分。其中,传输网目前已实现了数字化和光纤化,交换网也已实现了数字化和程控化,而以铜线结构为主,被称为“最后一公里”的用户接入网发展缓慢,直接影响了电信网的容量、速度和质量，成为制约全网发展的瓶颈。因此，接入网的数字化和宽带化受到通信业的极大关注。

1. 电力通信接入网的产生

早期，用户终端设备到局端交换机由用户环路(又称用户线)连接，主要由不同规格的铜线电缆组成。随着社会的发展，用户对业务的需求由单一的模拟话音业务逐步转向包括数据、图像和视频在内的多媒体综合数字业务。由于受传输损耗、带宽和噪声等的影响，这种由传统铜线组成的简单用户环路已不能适应当前网络发展和用户业务发展的需要，在这种新形势下，各种以接入综合业务为目标的新技术、新思路不断涌现，这些技术的引入增强了传统用户环路的功能，也使之变得更加复杂。用户环路逐渐失去了原来点到点的线路特征，开始表现出交叉连接、复用、传输和管理网的特征。基于电信网的这种发展演变趋势，ITU 正式提出了用户接入网(access network，AN)的概念，其结构、功能、接入类型和管理功能等在 G.902 中有详细描述。其中用户驻地网(customer premises network，CPN)指用户终端到用户网络接口(user network interface，UNI)之间所包含的机线设备，是属于用户自己的网络，在规模、终端数量和业务需求方面差异很大，CPN 可以大到公司、企业、大学校园，由局域网络的所有设备组成，也可以小到普通民宅，仅由一对普通话机和一对双绞线组成。核心网包含了交换网和传输网的功能，或者说包含了传输网和中继网的功能。接入网则包含了核心网和用户驻地网之间的所有设施与线路，主要完成交叉连接、复用和传输功能，一般不包括交换功能。

综上可知，接入网已经从功能和概念上代替了传统的用户环路，成为电信网的重要组成部分，其技术发展必将给整个网络的发展带来巨大影响。接入网的投资比重占整个电信网的 50% 左右，具有广阔的市场应用前景。

2. 电力通信接入网的定义与边界

接入网(AN)是由业务节点接口(service node interface，SNI)和相关用户网络接口(UNI)之间的一系列传送实体(如线路设施和传输设施)组成的为传送各种业务提供所需传送承载能力的实施系统，可经由 Q3 接口进行配置和管理。

接入网所覆盖的范围可由三个接口定界，即网络侧经业务节点接口与业务节点(service node,SN)相连,用户侧经用户网络接口与用户相连,管理侧经Q3接口与电信管理网(telecommunication management network,TMN)相连,通常需经适配再与TMN相连。其中SN是提供业务的实体,是一种可以接入各种交换型或永久链接型电信业务的网络单元,如本地交换机、IP路由器、租用线业务节点或特定配置情况下的视频点播和广播业务点等,而SNI是AN与SN之间的接口。

3.电力通信接入网的接口

接入网作为一种公共设施,其最大功能和最大特点是能够支持多种不同的业务类型,以满足不同用户的多样化要求。根据电信网的发展趋势,接入网承载的接入业务类型主要有本地交换业务、租用线业务、广播模拟或数字视音频业务、按需分配的数字视频和音频业务等几种。而从另一个角度来说,接入网的业务又可分为话音、数据、图像和多媒体类型。不管采用哪一种分类方法,接入网所能提供的业务类型都与用户需求、传输技术和网络结构有着密切的关系,需要经历一个由单一的窄带普通电话业务到数据、视频等宽带综合性业务的发展过程,其传输媒质也由单一的一对铜线发展为同轴、光纤和无线等多种传输媒质。

将上述多种类型的业务接入核心网需要相应类型接口的支持。接入网主要有三类接口,即用户网络接口、业务节点接口和维护管理接口。

用户网络接口(UNI)。UNI位于接入网的用户侧,是用户终端设备与接入网之间的接口。

UNI分为两种类型,即独享式UNI和共享式UNI。独享式UNI指一个UNI仅能支持一个业务节点,共享式UNI指一个UNI支持多个业务节点的接入。

UNI主要包括POTS模拟电话接口(Z接口)、ISDN基本速率(2B+D)接口、ISDN速率(30B+D)接口、模拟租用线2线接口、模拟租用线4线接口、E1接口、话带数据接口V.24及V.35接口、CATV(RF)接口等。

业务节点接口(SNI)。SNI位于接入网的业务侧,是接入网(AN)与一个业务节点(SN)之间的接口。如果AN-SNI侧和SN-SNI侧不在同一个地方,可以通过透明通道实现远端连接。

不同的接入业务需要通过不同的SNI与接入网连接。为了适应接入网中的多种传输媒质,并向用户提供多种业务的接入,SNI主要支持两种接入:仅支持一种专用接入类型、可支持多种接入类型,但所有类型支持相同的接入承载能力,可支持多种接入类型,且每种接入类型支持不同的接入承载能力。

根据不同的业务需求,需要提供相对应的业务节点接口,使其能与交换机相连。从历史发展的角度来看,SNI是由交换机的用户接口演变来的,分为模拟接口(Z接口)和数字接口(V接口)两大类。Z接口对应于UNI的模拟2线音频接口,可提供普通电话业务或模拟租用线业务。随着接入网的数字化和业务类型的综合化,Z接口将逐渐被V接口所代替,为了适应接入网内的多种传输媒质和业务类型,V接口经历了从V1到V5接口的发展,V5接口是本地数字交换机数字用户的国际标准,能同时支持多种接入业务。

维护管理接口(Q3)。Q3接口是电信管理网(TMN)与电信网各部分相连的标准接口,作为电信网的一部分,接入网的管理也必须符合TMN的策略。接入网通过Q3接口与TMN相连来实施TMN对接入网的管理和协调,从而提供用户所需的接入类型及承载能力。接入网作为整个电信网络的一部分,通过Q3接口纳入TMN的管理范围之内。

4.电力通信接入网的功能结构

接入网有5个基本功能,分别是用户口功能(user port function,UPF)、业务口功能(service port function,SPF)、核心功能(core function,CF)、传送功能(transport function,TF)和AN系统管理功能(access network system management function,AN-SMF)。

UPF是将特定的UNI要求与核心功能和管理功能相匹配。SPF是将特定SNI规约的要求与公用承载通路相适配,以便核心功能处理,同时负责选择收集有关信息,以便系统管理功能处理。CF处于UPF和SPF之间,其主要作用是将个别用户口通路承载要求或业务口承载通路要求与公共承载通路适配,还负责对协议承载通路的处理。TF的主要作用是为接入网中不同地点之间公用承载通路的传送提供通道,同时也为所用传输媒质提供适配功能。接入网系统管理功能对其他4个功能进行管理,如配置、运行、维护等,同时也负责协调用户终端(通过UNI)和业务点(通过SNI)的操作功能。

5.电力通信接入网的特点

由于电信网中的位置和功能不同,接入网与核心网有着非常明显的差别。接入网主要有以下特点:①具备复用、交叉连接和传输功能,一般不含交换功能。接入网主要完成复用、交叉连接和传输功能,一般不具备交换功能,提供开放的V5标准接口,可实现与任何种类的交换设备的连接。②接入业务种类多,业务量密度低。接入网的业务需求种类繁多,除了接入交换业务外,还可接入数据业务、视频业务以及租用业务等,但是与核心网相比,其业务量密度很低,经济效益差。③网径大小不一,成本与用户有关。接入网只是负责在本地交换机和用户驻地网之间建立连接,但是由于覆盖的各用户所在位置不同,造成接入网的网径大小不一,例如市区的住宅用户可能只需1~2 km长的接入线,而偏远地区的用户可能需要十几千米的接入线,成本相差很大。而对核心网来说,每个用户需要分担的成本十分接近。④线路施工难度大,设备运行环境恶劣。接入网的网络结构与用户所处的实际地形有关,一般线路沿街道铺设,铺设时经常需要在街道上挖掘管道,施工难度较大,另外接入网的设备通常放置于室外,要经受自然环境和人为的破坏,这对设备提出了更高的要求。⑤网络拓扑结构多样,组网能力强大。接入网的网络拓扑结构具有总线型、环型、星型、链型、树型等多种形式,可以根据实际情况进行灵活多样的组网配置。其中,环形结构可带分支,并具有自愈功能,优点较为突出。在具体应用时,应根据实际情况有针对性地选择网络拓扑结构。

6.电力通信接入网的技术分类

接入网研究的重点是围绕用户对话音、数据和视频等多媒体业务需求的不断增长,提供具有经济优势和技术优势的接入技术,满足用户需求。就目前的技术研究现状而言,接入网主要分为有线接入网和无线接入网。有线接入网包括铜线接入网、光纤接入网和混合光纤同轴电缆接入网;无线接入网包括固定无线接入网和移动接入网。此外,接入网还有以太网接入、卫星Internet接入及新兴的电力线接入。各种方式的具体实现技术多种多样,特色各异。有线接入主要采取如下措施:一是在原有铜质导线的基础上通过采用先进的数字信号处理技术来提高双绞铜线对的传输容量,提供多种业务的接入;二是以光纤为主,实现光纤到路边、光纤到大楼和光纤到家庭等多种形式的接入;三是在原有CATV的基础上,以光纤为主干传输，经同轴电缆分配给用户的光纤/同轴混合接入。无线接入技术主要采取固定接入和移动接入两种形式。随着因特网业务的迅速增长，传送以太网技术逐渐渗透到接入网领域，形成了以太网接入技术，它具有简单、低廉等特点。接入网的发展趋势是网络数字化业务综合化和IP化，在此基础上，实现对网络的资源共享、灵活配置和统一管理。

（二）铜线接入技术

1.铜线接入技术概述

普通用户线由双绞铜线对构成，是为传送300 ~ 3 400 Hz的话音模拟信号设计的，早期采用V.90标准的话带调制器，上行速率是33.6 kb/s，下行速率是56 kb/s，这几乎接近了香农定理所规定的电话线信道（话带）的理论容量，而这种速率远远不能满足宽带多媒体信息的传输需求。

由于V系列调制解调器占用的频带十分有限，只有3 400 Hz，因此传输速率进一步提高的潜力不大。为适应对因特网接入的需求，要进一步提高传输速率，必须充分利用双绞铜线的频带，于是各种数字用户线（digital subscriber line，DSL）技术应运而生。最先出现的是窄带综合业务数字网（narrowband integrated services digital network，N-ISDN），它使用2B1Q的线路码，在一对双绞线上双工传送160 kb/s的码流，占用80 kHz的频带，传输距离达6 km，如果使用更新、功能更强大的数字信号处理（DSP）技术，传输距离还可进一步增加。

为了适应新的形势和需要，出现了多种其他铜线宽带接入技术，即充分利用原有的铜线（电话用户线）这部分宝贵资源，采用各种高速调制和编码技术，实现宽带接入。这类铜线接入主要是xDSL技术，是数字用户线DSL技术基于普通电话线的宽带接入技术，它在同一铜线上分别传送数据和语音信号，数据信号并不通过电话交换机设备，减轻了电话交换机的负载；并且不需要拨号，一直在线，属于专线上网方式，这意味着使用DSL上网不需缴付另外的电话费。xDSL中的“x”代表了各种数字用户线技术，包括HDSL、ADSL、VDSL等。DSL技术主要用于ISDN的基本速率业务，在一对双绞线上获得全双工传输，因而它是最现实、最经济的宽带技术。

2.速率数字用户线技术

速率数字用户线（high-data rate digital subscriber line，HDSL）技术是一种上下行速率相同的DSL，它在两对铜双绞线上的两个方面上均匀传送

1.544 Mb/s带宽的数据，若是使用三条双绞线时速度还可以提升到E1（2.048 Mb/s）的传输速率。HDSL采用了高效的自适应线路均衡器和全双工回波抵消器，传输距离可达3～5 km。HDSL的性能远好于传统的T1、E1载波设备，不需要中继，安装简单，维护方便。因此，在美国已不再安装老式的T1载波设备，而是全部代以HDSL。HDSL还可作为连接蜂窝电话基站和交换机的链路，以及用于线对增容，传输多路话音。

HDSL采用的编码类型为2B1Q码或CAP码，可以利用现有用户电话线缆中的两对来提供全双工的T1/E1信号传输，对于普通0.4～0.6 mm线径的用户线路来讲，传输距离可达3～6 km，如果线径更粗些，则传输距离可接近10 km。

美国国家标准协会（ANSI）制定的T1E1.4/94-006以及欧洲电信标准协会（ETSI）提出的DTR/DM-0.3036定义了HDSL的电气及物理特性、帧结构、传输方式及通信规程等标准。由于采用回波抑制自适应均衡技术，增强了抗干扰能力，克服了码间干扰，可实现较长距离的无中继传输。HDSL系统分别置于交换局端和用户端，系统由收发器、复用与映射部分以及E1接口电路组成。收发器包括发送与接收两部分，是HDSL系统的核心。发送部分将输入的HDSL单路码流通过线路编码转换，再经过D/A交换以及波形形成与处理，由发送放大器放大后送到外线。接收部分采用回波抵消器，将泄漏的部分发送信号与阻抗失配的反射信号进行回波抵消，再经均衡处理后恢复原始数据信号，通过线路解码变换为HDSL码流，然后送到复用与映射部分处理。其中，回波抵消器和均衡器作为系统自适应调整并跟踪外线特性变化，动态调整系统参数，以便优化系统传输性能。

HDSL/SDSL技术广泛应用于TDM电信网络的接入上，也用于企业宽带上网应用中。其优点是双向对称，速率比较高。

3.非对称数字用户线技术

非对称数字用户线（asymmetric digital subscriber line，ADSL）是一种非对称的宽带接入技术，即用户线的上行速率和下行速率不同，根据用户使用多种多媒体业务的特点，上行速率较低，下行速率则比较高，特别适合检索型网络业务。ADSL典型的上行速率为16～640 kb/s，下行速率为1.544～8.192 Mb/s，传输距离为3～6 km。ADSL带宽接入可以和普通电话业务共享同一条用户线。在实际应用中，ADSL有选线率的问题，一般的选择率在10%左右。另外，ADSL的速率随着线路长度的增加而减少。由于存在各种限制因素，因此，ADSL的实际业务速率下行为512 kb/s~1 Mb/s，上行约64 kb/s。

ADSL的核心技术实际上就是编码技术，目前我国使用的是基于离散多音（discrete multi-tone，DMT）的复用编码技术。此外，常用的还有抑制载波幅度/相位（carrierless amplitude/phase，CAP）编码方式。相比较而言，DMT技术具有很强的抗干扰能力，而且对线路依赖性小。DMT将整个传输频带以4 kHz为单位分为25个上行子通道和249个下行子通道。ADSL中使用了调制技术，即采用频分多路复用（frequency-division multiplexing，FDM）技术或回波抵消技术实现有效带宽的分隔，从而产生多路信道，而回波抵消技术还可以使上行频带与下行频带叠加，使频带得到复用，因此使带宽得以增加。此外，DMT还可根据探测到的信噪比自动调整各个子通道的速率，使总体传输速度接近给定条件下的最高速度。

传统的电话系统使用的是铜线的低频（4 kHz以下频段）部分。而ADSL采用DMT技术，将原先电话线路0 Hz到1.1 MHz频段划分成256个频宽为4.3 kHz的子频带。其中，4 kHz以下频段仍用于传送模拟电话业务（plain old telephone service，POTS），20 kHz到138 kHz的频段用来传送上行信号，138 kHz到1.1 MHz的频段用来传送下行信号。DMT技术可根据线路的情况调整在每个信道上所调制的比特数，以便更充分地利用线路。一般来说，子信道的信噪比越大，在该信道上调制得比特数越多。如果某个子信道的信噪比很差，则弃之不用。因此，对于原先的电话信号而言，仍使用原先的频带，而基于ADSL的业务，使用的是话音以外的频带。所以，原先的电话业务不受任何影响。

国内目前主流的宽带接入方式，即ADSL接入服务有较高的性能价格比，可以在现有的线路上提供高速Internet接入等应用，具有一定的发展潜力。

4.甚高速数字用户环路技术

高速数字用户环路（very-high-bit-rate digital subscriber loop，VDSL）是ADSL的快速版本。使用VDSL，短距离内的最大下传速率可达55 Mb/s，上传速率可达19.2 Mb/s，甚至更高。VDSL速率大小通常取决于传输线的长度，最大下行速率为51~55 Mb/s，长度不超过300 m，13 Mb/s以下的速率可传输距离为1.5 km以上。VDSL技术是DSL技术中速率最快的一种，在一对铜质双绞电话线上，下行数据的速率为13～52 Mb/s，上行数据的速率为1.6～2.3 Mb/s，但是VDSL的传输距离只在几百米以内，VDSL可以成为光纤到家庭的具有高性价比的替代方案，虽然线路速率较ADSL高许多，但是线路长度较短，且应用环境较单纯；不像ADSL那样面对复杂的应用环境，因此实现起来较ADSL要简单一些，成本也相应会低一些。由于VDSL覆盖的范围比较广，能够覆盖足够的初始用户，初始投资少，便于设备集中管理，也便于系统扩展，因此，使用VDSL技术的解决方案是适合中国实际情况的宽带接入解决方案。高速铜线/缆接入是研究的一个热点，它以其优良的性能/价格比获得广泛的应用。

（三）光纤接入网

1.光纤接入网概述

尽管人们采取了多种改进措施来提高双绞铜线对的传输能力，最大限度保护现有投资，但是由于铜线本身存在频带窄、损耗大、维护费用高等固有缺陷，因此从长远角度看，各种铜线接入技术只是接入网发展过程中的过渡措施。而光纤具有频带宽、容量大、损耗小、不易受电磁干扰等突出优点，成为骨干网的主要传输手段。随着技术的发展和光缆、光器件成本的下降，光纤技术将逐步得到更加广泛的应用。

光传送网（OTN）、光纤接入网（optical access network，OAN）是以光纤作为主要传输媒质，实现接入网功能的技术。光纤容量大、速率高、损耗小，因此OAN具有带宽、传输质量好、不需要中继器、市场看好等优点。OAN包括光线路终端、光配线网、光网络单元和适配模块等。

接入网光纤化有很多方案，有光纤到路边、光纤到小区、光纤到办公楼、光纤到楼面、光纤到家庭等。采用光纤接入网是光纤通信发展的必然趋势，尽管目前各国发展光纤接入网的步伐各不相同，但光纤到家庭是公认的接入网发展目标。

2.有源与无源光网络接入技术

光纤接入网可以粗分为有源光网络（AON）和无源光网络（PON）两类，前者采用电复用器分路，后者采用光分路器分路。

（1）有源光网络（AON）

有源光网络（AON）使用有源电复用设备代替无源光分路器，可延长传输距离，扩大光网络单元的数量。在AON中SDH技术应用较为普遍，在接入网中应用SDH技术，可以将SDH技术在核心网中的巨大带宽优势带入接入网领域，充分利用SDH在灵活性、可靠性以及网络运行、管理和维护方面的独特优势。但干线使用的机架式大容量SDH设备不是为接入网设计的，接入网中需要的SDH设备应是小型、低成本、易于安装和维护的，因此应采取一些简化措施，降低系统成本，提高传输效率。而且，光接入网的发展需要SDH的功能和接口尽可能靠近低带宽用户，使得低带宽用户能够以低于STM-1的Sub-STM-1或STM-0子速率接入，这就需要开发新的低速率接口。然而有源接入技术作为有源设备仍然无法完全摆脱电磁干扰和雷电影响，以及有源设备固有的维护问题，所以不是接入网的长远解决方案。

（2）无源光网络（PON）

无源光网络（PON）是一种很有吸引力的纯介质网络，其主要特点是避免了有源设备的电磁干扰和雷电影响，减少了线路和外部设备的故障率，提高了系统可靠性，同时节省了维护成本。PON由于简洁、廉价、可靠的网络拓扑结构，被普遍认为是宽带接入网的最终解决方案。

PON技术是最新发展的点到多点的光纤接入技术。无源光网络由光线路终端、光网络单元和光分配网络组成。一般其下行采用时分复用（TDM）广播方式，上行采用时分多址接入（TDMA）方式，而且可以灵活地组成树型、星型、总线型等拓扑结构（典型结构为树型）。PON的本质特征就是光分配网络，全部由无源光器件组成，不包含任何有源电子器件，这样避免了外部设备的电磁干扰和雷电影响，减少了线路和外部设备的故障率，简化了供电配置和网管复杂度，提高了系统可靠性，同时节省了维护成本。与有源光接入技术相比，PON由于消除了局端与用户端之间的有源设备，从而使维护简单、可靠性高、成本低，而且能节约光纤资源。目前PON技术主要有APON（基于ATM的PON）、EPON（基于以太网的PON）和GPON（gigabit-capable PON）等几种，其主要差异在于采用了不同的二层技术。

APON是基于ATM的无源光网络，即在PON上实现基于ATM信元的传输，可用于宽带综合业务接入。EPON是无源光网络实现的以太网接入，它是在吉比特以太网大量涌现，10 G以太网渐成为主流的情况下，由

Alloptie公司提出的。

APON兼有ATM和PON的特点,与传统窄带PON相比,具有很好的性价比;它以光纤为共享媒质,无有源器件,组网方式为树型,是点到多点的无源光分配网;作为纯介质网络,具有波长透明性;由于基于ATM的集中和统计复用技术,可服务于更多的用户;APON还具有ATM的高速分组技术和QoS管理,有成熟的技术保证,能很好地与ATM主干段互通;APON的标准化程度很高,使大规模生产和降低成本成为可能。但APON对视频传输带宽有限,标准不适合本地环。APON作为分布式ATM接入复用器,可用于商用写字楼;作为综合业务接入网系统,可用于信息化小区;作为传输平台,可用于基站与中心站/基站集中器互联作为数字回传平台,可实现HFC(混合光纤同轴电缆网)渗透。

EPON上行为用户共享10 Gb/s信道,下行可广播到各个数字网络单元。通道层用以太网来承载。EPON兼有以太网和PON的特点,容量较大,可提供各种宽带网络接口;传输距离可达20 km;成本低、带宽高;与现有的以太网802.3完全兼容。但由于以太网的时延较大,EPON还需解决语音时延的问题。

(四)ZigBee通信技术

ZigBee是一种在功耗、数据速率、复杂度和部署成本等方面都相对较低的无线通信技术。它比较适用于能源监控、家庭自动化和自动抄表等场景。ZigBee和ZigBee SEP(smart energy profile)已经被美国国家标准和技术研究院(MIST)认为是智能电网HAN(home area network)网络中最适合的通信标准。智能设备之间的连接对于智能电网的发展具有重要的意义,比如智能电表、智能家电等之间的连接。许多AMI的供应商,如Itron、Elster和Landis+Gyr等都将ZigBee技术集成到智能电表中。集成了ZigBee的智能电表可以与其他智能设备进行连接,并对它们的运行状态进行监测和控制,而用户还可以通过ZigBee SEP获得实时电力消耗的相关信息。

ZigBee技术被认为是智能电网中测量和能源管理的理想选择,其具有简单性、移动性、健壮性、低宽带要求、低部署成本和易于网络实现等特性,其标准化协议基于IEEE 802.15.4标准。ZigBee在2.4 GHz频段具有16个信道,每个通道具有5 MHz的带宽,使用QQPSK编码方式,传输距离在100 m以内,最大输出功率为1 mW。此外,ZigBee SEP在燃气、水电等公共设施方面的应用也具有一定的优势，比如负载控制、需求响应、实时定价、实时监控以及高级量测支持等。

在实际应用中，ZigBee也存在着一些局限性，如处理能力低、内存小以及会受到相同频段的其他设备干扰，比如IEEE 802.11无线局域网（WLAN）、Wi-Fi、蓝牙和微波等。为了保证ZigBec通信的可靠性，就需要实施相关的干扰检测方案、干扰避免方案和高效路由协议，以延迟网络生命周期，并提供可靠和节能的网络性能。

（五）蜂窝网络通信技术

现有的蜂窝网络技术适用于智能电网中智能电表与公共设施之间以及远端节点之间进行通信。而且现有的通信基础设施也避免了构建专业通信基础设施所需要的额外花费和时间，利用蜂窝网络通信技术可以将测量体系扩展到广域环境。2G、2.5G、3G、4G和WiMAX等蜂窝网络通信技术都已经在智能电网的高级量测体系中得到应用。例如，采用GSM（全球移动通讯系统）技术来部署埃施朗（Echelon）公司的网络能源服务（NES）系统。意大利电信、中国移动、Vodafone等公司也将他们的GSM网络投入高级量测体系服务中，用于智能计量通信的数据流。Echelon公司将蜂窝无线电嵌入式模块集成到智能电表中，以实现智能电表和远端集中器之间的通信。Itron公司的SENITEL电表集成了GPRS模块，并可以与运行SmartSynch交易管理系统的服务器进行通信。此外，码分多址（CDMA）、宽带码分多址（WCDMA）和通用移动通信系统（UMTS）无线技术也用于智能电网中，Verizon公司已经推出了用于住宅公用事业市场的CDMA智能电网解决方案，而且Verizon的3G CDMA网络作为SmartSynch智能电网解决方案中智能电网通信的主干网，Telenor公司利用Cinclus技术为智能电网通信提供UMTS技术。

为了较高的带宽（75 Mb/s）、较低的部署和运营成本、适当的安全协议、流畅的通信以及可扩展性，WiMAX技术已经成为各大公司关注的热点。澳大利亚的SPAusNet能源公司采用WiMAX技术为智能电网应用构建专用通信网络，满足智能电表的通信需求。美国无线运营商Sprint Nextel与智能电网软件提供商Grid Net签署了一项合作协议，该项目旨在通过使用4G无线网络实现在智能电表和智能路由器之间的通信。通用电气（GE）正在开发基于WiMAX的智能电表，并与Grid Net、摩托罗拉和英特尔合作，专注于WiMAX连接解决方案。此外，其他一些公司，如思科，Silver-Springs Network和Verizon也实施了WiMAX智能电网应用。全球最大的WiMAX供应商Alvarion已与美国公用事业公司National Grid合作开发基于WiMAX的智能电网项目。

当使用蜂窝网络在智能电网中进行通信时，具有很大的优势。首先，可以利用现有的蜂窝网络基础设施，避免了铺设基础设施所需的成本。其次，蜂窝网络可以为智能电网中大量的电力数据信息传输提供足够的带宽。而且，蜂窝网络具有较大的覆盖范围，基本上可以覆盖到所有的智能量测设备。蜂窝网络中还支持匿名、认证、信令保护和用户数据保护安全服务，为智能电网的通信安全提供保障。

由于智能电网中一些关键性的应用对通信网络的连续可用有很高的要求，而蜂窝网络是所有客户共享的，当同时在线的用户过多的时候，就可能会导致网络拥塞，在紧急情况下甚至会导致网络瘫痪。而且蜂窝网络过于依赖地面基站等基础设施，一旦由于自然灾害导致这些基站不可用，同样会导致网络瘫痪，给智能电网带来灾难性的危害。在这种情况下，使用专用技术和频段的专用通信网络是更好的选择。

（六）电力线载波通信技术

电力线载波通信（power line communication，PLC），是一种利用电力线传输数据的通信技术。由于电力线与智能电表存在直接连接关系，PLC通信一直是与智能电表通信的首选，并且已经在其他解决方案难以满足量测要求的城市地区成功实现AMI的功能需求。基于低压配电网的PLC通信系统一直是我国智能电网应用的研究课题。在典型的PLC通信网络中，智能电表通过电力线连接到集中器，集中器将数据集中并通过蜂窝网络发送到智能电网主站。PLC技术通常作为智能电表和集中器之间的通信解决方案，而蜂窝网络通信技术则作为集中器到电力公司主站之间的通信解决方案。法国推出了“Linky电表项目”，其中包括将3500万传统电表更新为Linky智能电表。意大利电力公司ENEL采用PLC技术将智能电表数据传输到最近的集中器，并使用GSM技术将数据发送到数据中心。

PLC通信技术以其广泛可用的基础设施、无处不在和成本效益，成为智能电网中的一个研究热点。此外，由于PLC基础设施已经完全覆盖了采用智能电网的城市地区，因此PLC技术非常适合与这些地区的高级量测应用，如智能量测、检测和控制，而且针对PLC通信的安全问题，业内也进行了很多相关的研究。

由于电力线本身的性质，即电力线传输环境是一个恶劣和嘈杂的环境，因此难以对通信通道进行建模研究。PLC通信技术的低宽带也限制了其应用范围。此外，网络拓扑结构、与电力线连接的设备的数据和类型、发射机和接收机之间的布线距离都会对PLC通信传输的信号质量产生影响。因此，PLC的最大缺陷便是对干扰的敏感性和对信号质量的依赖性，然而已经有一些混合解决方案，利用PLC技术与其他通信技术（如GPRS）结合，以提供PLC技术无法实现的全连接。

第三节 卫星通信技术

物联网又称为IoT网络，即Internet of Things，其核心思想就是认为世界上物物相联、物物相息，是新一代计算机信息技术的重要组成部分。

一、卫星通信系统的组成

卫星通信系统主要分为地面段和空间段，地面段主要包括卫星地面站以及卫星应用所需要的终端设备等。而空间段主要包括通信卫星以及空间站等[①]。

（一）地面段

地面段的主要部分就是卫星地面站，而卫星地面站主要是提供用户与卫星之间的通信链路，也就是说卫星地面站上运行着与卫星相同的链路协议与编码方法。卫星地面站还具有对空间卫星进行跟踪遥测和指令控制的功能，便于对卫星的行为进行监测和控制。

（二）空间段

卫星通信系统空间段的最重要的部分便是空间卫星，空间卫星按照所在的轨道可以分为地球低轨道卫星、地球中轨道卫星、地球高轨道卫星与

①张颖浩．基于卫星网络的区块链共识算法研究与实现[D]．南京：东南大学，2021：17-19.

地球静止轨道卫星。其中低轨道卫星又称为LEO(low earth orbit)卫星,其轨道高度通常低于2 000 km,绕地球一周的周期大约在2~4 h,是作为卫星通信系统中最主要的卫星类型,也是军事上主要采用的卫星类型。中轨道卫星又称为MEO(medium earth orbit)卫星,其轨道高度在2 000 km与20 000 km之间,围绕地球的周期大约在4~12 h,其具备了LEO卫星与静止轨道卫星的优点,但是组网和控制机制都比较复杂,而且整个系统的部署和维护的代价都比较昂贵。高轨道卫星又称为HEO(high earth orbit)卫星,其轨道高度大约在20 000 km到50 000 km之间,围绕地球的周期大于12 h,主要用于电视传输和国际远距离通信。静止轨道卫星又称为GEO(geostationary earth orbit)卫星,或者地球同步卫星,其轨道是位于赤道上方36 000 km处的圆形轨道,周期是24 h左右,与地球的自转保持相同的旋转速率,主要用于导航、遥感等,如我国的北斗卫星导航系统与美国的GPS系统。

二、卫星通信技术的适用性

卫星通信技术在很多方面都可以发挥着很重要的作用。

在一些极端地形,如悬崖、山谷和陡坡等,这些都是自然灾害频发的地方,而地面网络在这些地方的铺设和维护成本都是十分昂贵的,而卫星通信网凭借其全覆盖的优势可以将这些极端地形覆盖。

对于偏远地区,卫星通信网络与地面通信网络的结合可以提供一种较低成本的通信解决方案。

对于主要依赖无线接入的地面通信网络来说,足够的地面基站是必不可少的。然而,地面基站的基础设施很容易受到地震和洪水等自然灾害的破坏,同时地面无线网络目前也只能有效地覆盖较小范围。作为地面通信网络的补充,卫星通信网络基本上不会受到自然灾害的影响,可以有效地保证通信的可靠性。

目前的一般M2M(machine to machine)应用通常并不需要特别高的传输速率,而卫星通信的带宽恰好可以满足这些应用的基本需要。

随着卫星技术的不断发展,以及自适应技术和调制解调技术的不断改进,目前卫星通信技术在可靠性和延迟性能等方面可以得到了很大的提升,即使在恶劣天气下也可以保证一定的可靠通信速率。此外,地球静止轨道的往返时间(round-trip time,RTT)也仅600~700 ms,而地面网络的RTT是100~200 ms。因此,卫星通信技术具有巨大的应用前景。地球低轨道卫星以其极低的延迟,一般RTT小于100 ms,可以满足智能电网中的自动化控制和分布式应用,并且在语音和视频传输的应用中也有很大的应用前景。

三、卫星通信技术的应用场景

卫星通信技术有很多的应用场景,比如环境监测、应急系统等。

(一)环境监测

在过去的几十年里,人类和野生动物的健康因环境的变化和破坏而受到了严重的威胁。为了改善人们赖以生存的环境,目前很多机构都开始利用物联网技术实现环境监测的目的。室外环境监测一般是针对一些人为和非人为因素引起的自然灾害,比如山体滑坡、雪崩、森林火灾、火山喷发、海啸、洪水和地震等。而这些室外环境事件需要被快速监测到,以便于进一步快速做出反应。此外,环境监测还包括对自然资源(如空气和水的质量)以及野生动物的位置和活动等进行监测。

无线传感器网络是十分适合这种环境监测应用的,如长期环境监测。然而,因环境监测应用场景的特殊性,其对网络具有一定的要求:监测节点数量多、网络成本低、易于部署、基本上不需要维护、电池续航时间长等。另外,监测节点可能是高度流动的,比如监测野生动物的位置和活动。

而卫星通信以其广阔的覆盖范围,终端可以高速移动以及不需要依赖复杂的基础设施等特点,会在环境监测中发挥重大的作用。事实上,L波段的M2M卫星通信系统已经开发出了移动应用,可以用于野生动物监测。

(二)应急系统

诸如地震、火灾、洪水、爆炸和恐怖袭击等灾害的发生,都需要第一时间进行检测和处理,为了便于对危机的有效管理,增强动态感知能力,实现自动化决策和及时响应,应急通信管理系统便应运而生。

在灾害发生的时候,利用通信网络将灾难现场和外界(如危机处理中心、医院、军队等)连接起来对灾害的应对和处理起到关键作用,而传统的通信方式(如xPON、2G、3G、4G等)在灾难发生后往往只是部分可用甚至是被完全摧毁。在这种情况下,确保与外界的通信连接对于有效地组织救灾行动至关重要。在这种背景下,利用Ad-Hoc技术进行无线网络部署而形成突发事件区域网络(incident area network,IAN),即为了支持不同接入(如消防队、警察、医务人员等)自发形成的临时网络基础设施,可以作为遭到破坏的地面通信网络的替代网络,并且利用卫星通信技术与外界的危机管理中心进行通信。

第四节 软件定义网络

传统网络是非常复杂且难以管理的,一方面由于它的控制层和数据层是垂直融合的,并且是由供应商特定的,另一方面则是由于典型的网络设备与供应商和版本有着紧密的关系,也就是说每个供应商的网络设备都有其自己特定的配置以及管理界面,产品的更新和升级的周期较长。而这些问题给网络架构的变更和创新带来了严重的限制。软件定义网络的出现给这些问题的解决提供了思路,SDN通过其开放的南向接口在交换设备中引入动态可编程特性,控制平面与数据平面解耦,以及全局视图的集中控制。与传统网络相比,SDN将网络应用部署控制层之上,并且更加容易开发和部署。SDN代表了网络发展和演变模式的重大转变,给网络基础设施的创新注入了新的活力。

一、软件定义网络的相关概念

软件定义网络的概念是由美国斯坦福大学的Nick McKeown教授提出的,起因是两个项目,一个是研究未来网络架构变革的未来网络架构项目Clean State,另一个是安全项目Ethane。2008年4月,Nick McKeown教授首次提出了OpenFlow的概念。

开放网络基金会(Open Networking Foundation,ONF)于2012年给出了SDN的基本定义:SDN是一种将网络控制与转发功能分离、实现控制可编程的新型网络架构。

目前一般认为,SDN主要有四个基本特征。

第一,数据层与控制层是分离开的,控制功能从网络设备移除使得网络设备只需要专注于转发功能,降低了网络转发设备的复杂度。

第二,转发决策是基于流的,而不是基于目的地的。在SDN中,流是在网络中传输的一系列数据包,一个流中的所有数据包在转发设备中按照相同的转发决策进行转发。流的抽象功能统一了不同类型网络设备的行为,包括路由器、交换机、防火墙和中间件等。而且基于流的编程只受限于规定的流表信息,从而给网络的控制和管理带来了非常大的灵活性。

第三,控制逻辑被转移到外部实体,即SDN控制器或NOS。NOS是一个运行于商用服务器技术的软件平台,其为集中控制的网络抽象视图对转发设备进行编程提供必要的资源和抽象功能。

第四,网络可以通过运行在NOS之上的软件应用程序进行编程,与底层的数据层设备进行交互。

实际上,SDN是通过对转发、分布式和规范进行抽象来实现的。转发抽象允许控制器(应用程序)所需的任何行为,同时隐藏底层硬件信息。OpenFlow就是这种抽象的一种体现,它可以被视为操作系统中的"设备驱动程序"。分布式抽象可以避免SDN应用程序的复杂的分布式状态,从而使分布式控制问题成为逻辑集中问题,而原先大量的分布式控制协议也就不需要了。规范抽象,它允许SDN应用程序可以定义所需的网络行为,而不需要自己去实施,并且可以通过虚拟化解决方案以及网络编程语言来实现。

以上的这些概念是SDN技术在业内的基本共识,国际上的一些标准化组织也提出了一些参考架构,其中,最具有影响力的ONF组织认为,应该从网络用户的角度出发对SDN进行定义,未来的网络系统应该可以根据业务需求,灵活的定义和操作底层网络资源。还有欧洲电信标准化协会(European Telecommunications Standards Institute,ETSI)从网络运营商角度提出的网络功能虚拟化(network functions virtualization,NFV)架构。2013年,思科等公司联合推出一个开源的SDN项目,即OpenDaylight。

二、软件定义网络的基本架构

SDN的基本架构分为三层,基础设施层,控制层和应用层[①]。其中基础设施层主要包括网络中的网络设备,即交换机和路由器等;控制层是用来

①刘柯池. SDN下基于强化学习的智能路由算法[D].哈尔滨:哈尔滨工业大学,2021:13-15.

对整个网络的转发行为进行策略制定的，使用SDN控制器通过OpenFlow等南向接口对网络交换设备进行流规则设置；应用层通过北向接口与控制器实现交互，从应用层看，控制层和基础设施层就相当于一个逻辑交换机。通过SDN技术的使用，企业和运营商可以通过SDN控制器控制整个网络，从而可以大大地简化网络设计与运营工作。SDN也大大简化了网络交换设备，因为SDN交换机不需要对数千种协议标准进行理解和处理，而只需要根据控制器的命令做出相应的行为即可。最重要的是，网络运营商和管理员可以通过编程的方式，对整个网络进行批量的配置，而不必对成千上万的网络设备进行手动配置。此外，利用SDN控制器的集中控制功能，可以在数天甚至数小时内完成新的应用程序和网络服务的部署。而且SDN提供可编程接口，也就是说网络管理员可以自己编写程序对转发策略进行升级而不用等待供应商提供相应的版本更新。

除了对网络进行抽象外，SDN还支持一系列的API，可以实现通用网络服务，包括路由、多播、安全性、访问控制、带宽管理、流量工程、服务质量、处理器和存储优化以及各种形式的策略管理，甚至可以为特定目的而定制API，例如，SDN架构可以很轻松地实现校园网内有线网络和无线网络连接策略的一致性。

同样，SDN可以通过智能协调和配置整个系统来管理整个网络，ONF为了促进多供应商管理，开发了开放式的API，为按需资源分配、自助服务供应、网络的真正虚拟化和安全的云服务提供了便利。因此，通过SDN控制层与应用层之间的开放式API业务应用程序可以在抽象网络上利用网络服务和功能而不需要关注其实施细节。

SDN的基本组件主要包括SDN控制器、SDN南向接口和SDN交换机。

（一）SDN控制器

SDN控制器是整个SDN网络架构的核心，主要负责管理和控制网络设备，同时为应用层的业务应用程序提供API接口，与交换设备通过南向接口交互，是决定整个网络效率的关键，所以也称为SDN网络的操作系统。SDN的集中控制功能就是由控制器实现的，直接消除了原来网络中的非常多的业务路由协议。当网络发生故障的时候，如链路中断，节点故障和网络拥塞等，控制器会根据当前的网络状态调整交换设备的转发策略以及虚网划分，使得网络能够正常工作以及避免故障的传播。

控制器具有以下功能：抽象信息模型，北向接口功能，网络资源管理，网络配置及状态管理，基本网络服务，南向接口功能，数据存储功能，系统管理功能等。

另外，SDN 控制器的可靠性对于整个网络来说至关重要，一旦控制器发生故障，网络设备失去了控制命令也会停止工作，进而导致整个网络无法正常工作，造成用户业务受损。针对 SDN 的可靠性，许多组织和公司都提出了很多相应的解决方法。

（二）SDN 南向接口协议

SDN 南向接口主要用于控制器和网络交换设备之间的交互，可以分为上行通道和下行通道。其中，网络交换设备通过上行通道向控制器上报拓扑信息、统计信息和告警信息等，控制器通过对这些信息进行分析达到对整个网络监控的目的；控制器通过下行通道下发控制命令，比如各种流表。

最著名的南向接口是 ONF 倡导的 OpenFlow 协议。OpenFlow 协议是控制器与交换机之间第一个标准通信协议，是 SDN 概念开始发展起来时所定义的协议，目标是通过直接定义网络设备的转发行为来实现软件灵活定义网络。OpenFlow 可以用于实现对以太网交换机、路由器和网络设备等的控制。作为一个开放协议，OpenFlow 定义了控制器如何对控制平面进行配置和管理，通过使用 OpenFlow，控制器可以管理数据包在网络中的传输。

OpenFlow 协议的工作原理：首先，SDN 控制器向网络交换设备下发流规则，而这些流规则在网络交换设备中形成了若干个流表，网络交换设备根据流表进行数据的转发。流表中的数据是由一些关键字以及执行动作组成的，由控制器进行增加、删除和更新。网络管理员可以通过在控制器下发的流规则中设置具体的匹配字段来决定转发策略。

OpenFlow 在早期的时候只是被作为一个实验平台，因此 ONF 组织没有注意到版本之间的互操作性问题，而当 OpenFlow 被更多的商业化应用后，版本之间的兼容性问题就显得日益突出。许多早期的版本中的功能在后面版本中就已经消失了。后来，ONF 组织把 OpenFlow1.0 和 1.3 版本作为长期支持的稳定版本，后续版本开发需要保持和稳定版本的兼容性。

在 ONF 制定的 SDN 标准体系中，除了 OpenFlow 交换机规范之外，还有一个名为OF-CONFIG(OpenFlow management and configuration protocol)的协议也同样十分重要。在OpenFlow协议中,控制器是通过向交换机发送流表控制数据流的转发方式的,但是对这些网络设备的管理和配置并没有相应的规定,而OF-CONFIG正是针对这一问题而提出的。

OF-CONFIG也是一种南向接口协议,是定义OpenFlow交换机和Open-Flow配置点间通信方式的标准协议。OF-CONFIG并不会对OpenFlow的流表产生影响,它主要负责管理和配置交换机资源,如配置IP地址、开启/关闭指定的端口等。OpenFlow配置点可以是OpenFlow控制器或者其一个软件进程,也可以是运行在网管设备中的服务,还可以是传统的网管设备。在某些情况下,OpenFlow控制器和OpenFlow配置点可以属于不同的管理域,例如分别属于网络运营商和用户。

(三)SDN交换机

SDN交换机主要负责根据流表对数据进行转发,而流表是由SDN控制器负责维护的,即SDN控制器通过南向接口下发流规则在SDN交换机中形成流表。SDN交换机还负责向SDN控制器提供网络的状态信息,以便于控制器对整个网络的监控与调整。与传统交换机相比,SDN交换机的转发功能的原理类似,都是将收到的数据流按照流表中对应的表项进行处理,不同的地方在于,SDN交换机将控制平面分离出去了,只保留数据平面功能,控制策略以及配置管理都是由SDN控制器完成,因此SDN交换机的功能更加简化,处理速度也更加快速,很大程度上提高了网络数据传输的效率。

SDN交换机的基本功能包括转发决策、背板转发和输出链路调度。

转发决策。OpenFlow协议使用流表代替传统网络设备的二层和三层转发表,该流表中的每个表项都代表了一种流解析以及相对应的处理。

背板转发。对于目前的网络设备,交换速率主要是由交换芯片决定的,而背板基本上可以满足要求的转发速率。

输出链路调度。在正常情况下,数据分组发往交换机或者要从交换机发出的时候,都需要在端口队列中等待处理。支持OpenFlow协议的SDN交换机具有基于流表项设置报文队列、根据Meter进行限速、基于Counter进行计费、基于Group的Select功能进行队列调度等。

SDN交换机可以分为SDN软件交换机和SDN硬件交换机。SDN软件交换机主要分为：Open vSwitch、Indigo、LINC、Pantou（Open WRT）、Ofsoftswitch等，其中Open vSwitch是目前比较常用的软件交换机，简称为OVS，是一个虚拟交换机，主要用于虚拟机（VM）环境。SDN硬件交换机主要分为：基于ASIC的SDN品牌交换机：NEC、IBM、HPE、Arista、Cisco等；基于ASIC的SDN白盒交换机：盛科、Pica8、网瑞（xNet）等；基于NP的SDN交换机：华为的S12700系列等；基于NetFPGA的SDN交换机。

三、软件定义网络中的转控分离

SDN将数据与控制从原来的处于一个网络设备上分离开，形成了独立的SDN控制器。SDN控制器通过南向接口（如OpenFlow）对网络设备进行控制，从控制器下发的控制信令的数据流通过控制器和网络设备之间接口传输，与终端之间通信传输的数据流相互独立。网络设备根据控制器的控制信令对终端的数据流进行处理，而不需要使用复杂的分布式网络协议。

第四章 SDN技术在电力通信网络中的应用与优化

第一节 基于SDN的电力通信网络及QoS控制总体方案

一、电力通信网

智能电网主要由电力系统和通信系统组成[①]。电力系统负责将可再生能源产生的电能安全高效地传输给用电户。为了实现这一目标，电力系统不仅需要电力设备，如发电厂、高压输电线、变电站、配电站以及用电终端等，还需要一套用于控制和管理电力设备的信息系统，便于及时了解电力设备及电网运行状态，确保对电能的实时监测和灵活调度。为此，电力通信系统应运而生。

要分布在地级市，负责采集用电终端设备的电能信息，通常采用树型结构、以太网无源光网络（EPON）的组网方式。电能采集终端通过无线接入等方式，将采集的数据发送给光网络单元（optical network unit，ONU），光线路终端（optical line terminal，OLT）汇聚多个ONU上报的数据发送到电力通信骨干网。电力终端接入网承载的电力设备数量大、覆盖范围广且分布环境恶劣，提供服务的对象是电力智能终端和低压变电站。

二、SDN技术

（一）网络架构

SDN的网络架构最先由开放网络基金会（ONF）组织提出并得到广泛认可，该架构主要分为3层，包括数据层、控制层和应用层。其中，数据层和控制层交互的通道叫南向接口，常用的协议为OpenFlow协议，控制层和应用层交互的通道叫北向接口，常用的接口为Restful API。

①李乐优．OTN技术在电力通信系统中的应用与优化[D]．大连：大连理工大学，2018：14-15.

1.数据层

数据层中部署的是各种网络设备,如基于OpenFlow协议的SDN交换机。网络设备功能单一,只需根据设备中的流表进行业务转发,摒弃了传统网络设备需要进行路由选择和设备管理的功能。同时,SDN对网络设备端口支持的协议进行标准化,有效解决了不同生产商网络设备之间的互联互通性问题,从而降低网络运维成本、增加网络扩展性。

2.控制层

控制层是SDN的核心,部署在其中的是各种网络服务,如拓扑感知、资源管理、路由选择、QoS保障等。控制层来源于传统网络设备的逻辑控制功能,主要负责业务的转发逻辑、下发流表、维护拓扑及资源视图等。通过南向接口,控制层给数据层的网络设备下发指令或请求,收集网络设备的流表信息、端口信息以及队列信息,推算网络设备的状态、带宽使用等;通过北向接口,控制层上报网络状态信息给用户,可视化网络设备连接及流量调度逻辑,实现网络的可观可控。

3.应用层

应用层的服务对象是用户,部署在其中的是各种应用服务,如负载均衡、流量工程等。通过北向接口,用户能够了解网络拓扑及资源使用,有利于用户按需分配带宽,灵活调度业务。用户无须了解网络设备的地理位置及设备信息,只需根据北向接口,按照约定的通信方式和数据格式,将应用服务的逻辑指令下发给控制层,就能部署需要的功能。整个过程操作简单,实现方便,改善了传统网络难以管理和控制底层设备的局限性。

根据SDN的网络架构特点,可以总结出其具有以下优势。

支持高度化的集中控制。SDN网络设备功能单一,只负责业务转发,所有的逻辑都集中到控制层,SDN控制器直接管理物理设备,节省了传统网络通过信令进行设备管理的资源开销。同时,SDN控制器给全网设备或者传输路径上的网络设备下发指令或路由策略时,不同于传统网络的逐跳选择,而是一次性实现流表下发,有利于降低网络设备的处理时间。

分离转发控制功能。SDN通过将网络设备的转发和控制解耦,简化交换机的功能,标准化接口协议,提高设备的互联互通性,降低设备的生产成本及数量,并且传统网络设备需要管理人员手动配置,SDN的控制转发分离有助于自动配置全局网络设备,提高网络灵活性。

提供可编程接口。SDN向用户提供了通过编程配置网络的接口，用户可以利用流行的网络协议和数据传输格式向SDN控制器获取网络状态信息，或者向SDN控制器下达应用服务的逻辑指令，便于用户定制私有化服务。

（二）OpenFlow交换机

SDN通常使用基于OpenFlow协议的交换机，即OpenFlow交换机，其组成部分包括OpenFlow协议、流表（flow table）和安全通道（secure channel）。

Asynchronous消息由OpenFlow交换机发送给SDN控制器，主要为了报告交换机接收到数据包、交换机流表被删除、交换机端口状态更新和交换机发生错误等消息，其具有四种子消息类型。

传统通信网络的交换机或路由器在处理数据时，是通过匹配其自身存储的转发表或路由表决定业务传输的下一跳，OpenFlow交换机则是根据控制器下发的流表进行数据处理。每一个OpenFlow交换机都会有流表，每一张流表又包含许多流表项。进入OpenFlow交换机的业务，首先会逐条匹配流表项，如果匹配成功，则会执行流表项中规定的转发操作，否则就由控制器决定业务的处理逻辑。匹配域字段存储的是业务基本信息，包括输入端口、元数据、源MAC地址、目的MAC地址、以太网类型、VLANID、VLAN优先级、源IP地址、目的IP地址、IP协议类型、ToS、发送端口和目的端口，根据这些匹配字段，能够有效识别业务类型、映射QoS服务等级；优先级字段是指该流表项被匹配的顺序，优先级越高，该字段的值越低，流表项就越先被输入的业务匹配；计数器字段负责统计OpenFlow交换机处理匹配成功该流表项的数据包总数；指令字段描述匹配成功的业务将被执行的操作，包含转发、丢包、入队和修改匹配域；超时字段记录的是流表项在SDN网络中的最大生存时间；Cookie字段用于SDN控制器筛选业务；标识字段表示流表项是否进行处理。

目前，业务在OpenFlow交换机中的处理过程采用多级流表和流水线模式。当数据流进入到OpenFlow交换机后，首先会被解析，得到数据流的相关匹配信息；然后按照流表项优先级从高到低的顺序依次匹配，即从优先级字段为0的流表项开始，如果匹配成功，则会执行流表项中指令字段规定的动作集，如果匹配失败，就转到下一条流表项，重复上述匹配过程，直到匹配完所有的流表项。在匹配完所有流表项后仍然没有匹配成功时，数据流将通过匹配默认流表发送给控制器，以决定业务流的转发逻辑，如果OpenFlow交换机中不存在默认流表，那么就直接丢弃数据流。

安全通道是SDN控制器和OpenFlow交换机进行信息交互的信道，其支持OpenFlow协议。为了保障SDN控制器和OpenFlow交换机通信的安全性和可靠性，通常采用加密协议建立TCP连接，如安全套接层协议（secure sockets layer，SSL），通过安全通道，SDN控制器能够发起状态请求以及下发逻辑指令给OpenFlow交换机，OpenFlow交换机也能汇报网络状态给SDN控制器。

三、基于SDN的电力通信网

针对电力通信网存在网络架构复杂，流量调度不灵活，资源配置不合理，难以满足电力业务QoS的问题，笔者将SDN引入到电力通信网中，优化其网络架构。该网络架构具有集中管理和配置电力网络设备、识别电力业务类型、感知链路状态进行流量调度和可视化网络操作的功能，由电力数据转发层、电力控制层和电力业务应用层三部分组成。

电力业务应用层：该层面向电网公司的网络管理人员，其不需要了解底层网络设备的物理位置及其通信方式，只需根据电力控制层汇报的各种网络信息，按需定制各部门要求的电力业务服务，并通过Restful API接口，以软件编程的方式发送给电力控制层，如电力业务应用层根据了解到的网络拓扑视图和流量调度视图，开发电力业务流量监控及网络故障预警应用，快速定位电力通信网的故障位置及故障原因，提高网络的智能性和灵活性。

四、电力业务分类及常用的QoS模型

（一）电力业务分类

电力通信网传输的电力业务种类繁多，如：智能抄表系统的电能采集业务、监测电力设备的继电保护业务等。常用的电力业务分类方式有以下三种：①根据电力业务对实时性的要求，可以分为实时性电力业务和非实时性电力业务；②根据电网的安全管理体系，电力业务可以被划分到Ⅰ、Ⅱ、Ⅲ、Ⅳ四大安全区，其中，第Ⅰ和第Ⅱ安全区的电力业务有关电网生产控制，第Ⅲ和第Ⅳ安全区的电力业务主要辅助电网生产控制以及实现企业管理信息化；③根据DL/T5391—2007标准，电力业务又可以划分为数据业

务、语音业务、视频业务和多媒体业务。笔者只考虑部分电力业务，包括继电保护、安稳系统、广域向量测量、调度电话、调度自动化、电能计量遥测、变电站视频监控、视频会议、保护信息管理、行政电话、雷电定位检测和办公自动化，各电力业务特性及其通信指标要求如下。

1.继电保护

继电保护是电网中最重要的业务，主要负责实时监测电力设备的运行状况，如果发生故障报警，能及时向管理人员发送报警信息及故障位置，便于电力维护人员处理。因此，继电保护对电网的安全稳定至关重要，其通信指标要求如下：①实时性要求极高，传输时延不超过10 ms；②可靠性要求极高，误码率不超过10^{-6}；③属于电网安全管理体系中的第Ⅰ安全区；④数据量小，突发性强，带宽要求不高，一般为64 kb/s或者2 Mb/s。

2.安稳系统

安稳系统主要用于解决电网中电力设备负载失衡问题。由于电网扩张及分布不均匀等因素，容易出现部分电力设备组集体故障或者控制信号传输不及时等问题，导致电力系统出现大面积停电事故：安稳系统具有切机功能，能够及时去除电力系统中负载过高或故障的电力设备，从而保障电网稳定运行。安稳系统的通信指标如下：①实时性要求极高，传输时延不超过30 ms；②可靠性要求极高，误码率不超过10^{-7}；③属于电网安全管理体系中的第Ⅰ安全区；④数据量小，带宽要求不高，一般小于2 Mb/s。

3.调度自动化

调度自动化通过计算机和远动等技术监视和控制电能传输，包括安全监控、在线负荷预测、自动发电控制等内容，有助于电力设备管理人员提高电网运行的管理水平，其通信指标如下：①实时性要求高，传输时延不超过100 ms；②可靠性要求极高，误码率不超过10^{-6}；③属于电网安全管理体系中的第Ⅰ安全区；④数据量小，带宽要求不高，一般为64 kb/s ~ 2 Mb/s。

4.保护信息管理

保护信息管理用于收集变电站和发电厂设备的日常运行数据，并记录电力设备发生故障时的信息，其通信指标要求如下：①实时性要求低，传输时延不超过15 min；②可靠性要求高，误码率不超过10^{-5}；③属于电力安全管理体系中的第Ⅱ安全区；④业务数据量多，但占用的带宽不大，每一通道为64 kb/s。

5.调度电话

调度电话是专用语音平台，负责在电力系统发生重大事故时，提供清晰的语音服务，方便电力调度指挥员及时下达指令，进行电网的灾后重建工作，其通信指标要求如下：①实时性要求高，传输时延不超过150 ms；②可靠性要求高，误码率不超过10^{-3}；③属于电网安全管理体系中的第Ⅰ安全区；④业务数据量小，带宽要求小于2 Mb/s。

6.电能计量遥测

电能计量遥测针对用电户，通过采集用户的用电量信息，控制中心能够监测和分析用户的用电行为，为用户提供安全可靠的电能输送并实现公平的电能交易。电能计量遥测的通信指标要求如下：①实时性要求低，传输时延为秒级；②可靠性要求极高，误码率不超过10^{-6}；③属于电力安全管理体系中的第Ⅱ安全区；④数据量大，带宽要求小，只需占用64 kb/s。

7.变电站视频监控

变电站视频监控主要负责展现电力设备的实时运行状况，记录电力设备的运行环境及状态数据，便于电力设备管理员及时了解，提高电力系统的安全可靠性。其通信指标要求如下：①实时性要求高，传输时延不超过150 ms；②可靠性要求极高，误码率不超过10^{-8}；③属于电力安全管理体系中的第Ⅲ安全区；④数据量大，带宽要求高，一般为2 Mb/s的倍数。

8.雷电定位监测

雷电气候极易造成电力设备故障，影响电能传输中断，导致电力系统出现故障；雷电定位监测通过卫星定位、天气预测等内容，分析雷暴的运动轨迹，从而及时有效地制定防雷措施。雷电定位监测的通信指标要求如下：①实时性要求低，传输时延不超过250 ms；②可靠性要求高，误码率不超过10^{-5}；③属于电力安全管理体系中的第Ⅲ安全区；④数据量小，带宽要求高，一般为2 Mb/s的倍数。

9.办公自动化

办公自动化旨在采用计算机、通信等技术，实现数字化办公，其通信指标要求如下：①传输时延无明确要求；②可靠性要求高，误码率不超过10^{-5}；③属于电力安全管理体系中的第Ⅳ安全区：④数据量大，带宽要求高，一般为10 Mb/s到10 Gb/s。

10.视频会议

视频会议属于多媒体业务，主要用于办公，其通信指标要求如下：①实时性要求高，传输时延不超过150 ms；②可靠性要求高，误码率不超过10^{-5}：③属于电力安全管理体系中的第Ⅳ安全区；④业务数据量大，带宽要求高，一般为384 kb/s～2 Mb/s。

11.行政电话

行政电话属于语音业务，主要用于办公，其通信指标要求如下：①实时性要求高，传输时延不超过250 ms；②可靠性要求高，误码率不超过10^{-3}；③属于电力安全管理体系中的第Ⅳ安全区；④数据量小，带宽要求高，一般为2 Mb/s的倍数。

12.广域测量

广域测量业务的通信指标要求如下：①实时性要求高，传输时延不超过30 ms；②可靠性要求极高，误码率不超过10^{-9}；③属于电网安全管理体系中的第Ⅰ安全区；④数据量小，带宽要求小于2 Mb/s。

电力通信网中的业务存在迥异的QoS要求，本章根据电力业务特性及通信指标要求，考虑时延、带宽、可靠性以及业务重要度等因素，将电力业务划分为三类，包括加急转发（expedited forwarding，EF）、确保转发（assured forwarding，AF）和尽力而为（best-effort，BE）。

EF类主要针对时延和可靠性要求极高、数据量小、突发性强的电力业务；AF类主要针对时延和可靠性要求高、周期性强、数据量多的电力业务；BE类主要针对QoS要求不高的电力业务。可以看出，EF类和AF类主要涉及电网的控制业务，BE类主要涉及企业的信息化管理业务。

（二）常用的QoS模型

对于网络需求者而言，QoS能够体现用户对通信网络提供服务的满意程度，如游戏画面的流畅度及实时性；对于网络提供者而言，QoS有助于管理员灵活配置网络资源，使收益最大化。QoS可以通过时延、时延抖动、吞吐量、丢包率等指标体现。对电力通信网配置QoS，能够差异化调度不同类型电力业务，缓解网络拥塞，保证电力业务对时延、带宽等通信指标的要求。常用的QoS模型有三种，包括：尽力而为服务（Best-Effort）模型、综合服务（integrated service，IntServ）模型和DiffServ模型，其各自特性如下。

1.Best-Effort模型

在互联网发展之初，计算机、通信等技术还不是很成熟，网络为业务提供的就是Best-Effort服务。其不需要在意用户对时延、带宽及丢包率的要求，而是尽网络最大能力传输业务，提供一种不可靠传输。Best-Effort服务模型作为现有通信网络的缺省QoS配置，采用FIFO的队列调度方式，用户可以在任意时段向网络注入数据，不需要提前通知网络或者与网络建立连接。这种服务方式容易造成网络拥塞、严重丢包。随着各种多媒体业务的应用以及用户对体验感的提升，Best-Effort服务模型已不再适用。

2.IntServ模型

IntServ模型是为了解决Best-Efort模型不能提供QoS保障而被提出的，其通过采用资源预留协议（resource reservation protocol，RSVP）为业务提供端到端的QoS保障。首先用户将QoS需求信息发送给网络；然后发送端到接收端的路径就会根据RSVP信令中的配置请求为用户预留资源，如果交换机的资源不够，就会拒绝为用户提供服务，否则就映射用户请求的服务类型并通知用户发送数据；最后在网络中维护预留的资源并保障数据传输。IntServ模型提供三种服务类型：①尽力而为的服务，对业务不提供QoS保障，只按照自身能力转发数据；②可控负载的服务，为业务提供最低限度的QoS保障，可以存在一定的丢包率、误码率和时延容忍，为业务预留的资源较少，可以实现多个用户同时请求；③可确保的服务，能保障用户的QoS指标在业务传输时不会过限，也因此需要占用交换机大量的网络资源，该服务常用于QoS敏感业务。

虽然IntServ模型能对业务提供端到端的QoS保障，但是很难部署在实际应用中。因为采用RSVP信令预留资源会占用一定的通信资源，并且交换机还要周期性交互网络状态、维护资源预留，造成网络中传输大量数据。

3.DiffServ模型

DiffServ模型是基于分类的粗粒度QoS保障。首先根据业务信息分类，如端口号、IP地址等，映射业务到相应的QoS服务等级并标记；然后，业务传输路径上的交换机会根据业务的标记，将其过滤到对应类的队列中并设置队列的QoS，如转发优先级、时延界限、丢包率等；最后，逐跳转发业务。DiffServ模型实现简单，在市场上得到广泛应用，其不需要提前为业务预留资源，节省了信令及资源维护开销，将业务需求信息映射为具体的标记，关注业务在每一跳中的行为，提高了网络的灵活性。

然而，DiffServ模型只对所有业务进行大类划分，提供粗粒度的服务，无法为电力业务提供端到端的QoS，且难以对同类型电力业务进行差异化调度。因此，本章在DiffServ模型的基础上，细分同类型电力业务，根据网络拥塞情况及业务重要度，动态调整同类型电力业务的带宽，使其得到细粒度的QoS。

五、电力通信网QoS控制的总体方案

电力通信网作为电力设备信息交互的平台，是为用户提供安全供电服务保证的重要设施。我国在加快智能电网发展的同时，也重视对电力通信网的建设。电网趋于智能化、信息化及自动化的发展离不开电力通信网的贡献，各种电力智能设备自动采集数据接入到电力通信网中传输，导致网络中的数据呈指数型增长。同时，为了适应社会需求，电网开通各类QoS要求高的新型电力业务，增加了电力通信网的承载压力。此外，电力通信网络架构复杂，业务传输路径规划不合理，网络资源配置不合理，导致已基本实现光纤化的电力通信网也难以保障业务的QoS，给电网的高效可靠运行带来严峻挑战。因此，笔者主要从以下两个方面研究电力通信网的QoS技术。

在路由选择方面，电力通信网采用Dijkstra算法为电力业务选择传输路径，容易造成部分链路严重拥塞、网络负载失衡、资源利用低、QoS无法保障等问题。因此，本章利用SDN集中管控资源以及灵活调度业务的优势，设计电力通信网的QoS路由策略，满足电力业务对时延、带宽、丢包率等通信指标的要求。

在队列调度方面，电力通信网采用DiffServ服务模型难以为电力业务提供细粒度转发，并且SDN也只提供简单的QoS配置。因此，考虑到电力业务在交换机端口的输出顺序及资源配置对QoS具有一定影响，笔者根据电力业务特性，设计队列调度策略及带宽分配方式，并通过SDN提供的可编程接口应用到电力通信网中。

以笔者分析的内容为基础，提出电力通信网QoS控制的总体方案。首先，对电力通信网络架构、SDN技术和电力业务特性进行分析，为后续内容

提供理论支撑。然后分别从电力通信网的路由选择和队列调度两个方面提出改善QoS的策略。最后,通过搭建仿真平台,验证该策略能够为电力业务提供端到端的QoS。

第二节 基于SDN的电力通信网络QoS路由策略

现有电力通信网难以获取网络拓扑及感知链路状态,电力业务的路径选择只能通过Dijkstra路由算法或者手动配置,容易造成网络局部拥塞以及难以保障业务的QoS。因此,本章根据SDN的转发控制分离及集中控制特性,提出电力通信网的QoS路由策略,实现电力业务端到端的可靠传输以及降低业务的丢包率。

一、基于SDN的电力通信网QoS路由设计

根据SDN能够集中管理底层设备以及获取设备和链路的状态信息,设计电力通信网的QoS路由框架①。该框架在电力控制层放置SDN控制器,电力数据转发层放置支持OpenFlow协议的SDN交换机,并且扩展SDN控制器,添加网络拓扑管理、状态参数收集、电力业务识别和全局路由及监测四个模块,各模块的功能特性将在后面详细描述。SDN控制器通过OpenFlow协议与SDN交换机通信,包括下发电力业务的流表、获取SDN交换机的连接状态、查询流表信息、收集端口及队列信息。SDN交换机只负责按照流表转发电力业务。对于在SDN电力通信网中传输的业务,其转发过程如下。

步骤1:进入SDN交换机的电力业务首先会匹配流表,如果匹配成功,则执行流表中的指令集,到指定的端口等待调度,转入步骤3。如果匹配失败,则查询SDN交换机是否存在缺省流表,如果存在,便将电力业务的头部信息封装到Packet-in消息中,通过OpenFlow协议上报给SDN控制器,转入步骤2。如果不存在缺省流表,则直接丢弃该电力业务。

步骤2:SDN控制器在接收到Packet-in消息后,首先会解析出其中的msg消息,根据IP数据包头部的ToS值,映射电力业务类型,包括EF、AF或

①柳林.软件定义网络中流量管理优化研究[D].呼和浩特:内蒙古大学,2021:23-25.

BE。然后根据SDN控制器获取的实时网络拓扑和状态参数,计算电力业务转发的最优路径。最后,通过Flow-mod消息将流表下发给转发路径上的每个SDN交换机,并且通过Packet-out消息将电力业务数据发送到指定端口,转入步骤3。

步骤3:SDN交换机根据流表转发电力业务。

二、QoS路由框架的相关模块

(一)网络拓扑管理

网络拓扑管理采用主动模式周期性采集电力数据转发层中SDN交换机的工作状态及端口连接情况,记录SDN交换机的设备信息,如dpid号、IP地址、MAC地址、端口号、队列数量等,生成实时的网络拓扑连接视图。SDN控制器通过链路层发现协议(link layer discovery protocol,LLDP)感知SDN交换机之间的链路连接。当SDN交换机加入电力通信网时,其会将设备信息主动发送给SDN控制器。基于此,SDN控制器掌握网络中所有电力网络设备的dpid号和端口号。在链路发现阶段,SDN控制器封装dpid=1、port_no=1的LLDP数据包,通过Packet-out消息发送给SDN交换机A,告知SDN交换机A从端口1发出;然后SDN交换机B接收到LLDP数据包后,会逐项匹配自身存储的流表,由于SDN交换机B中没有相应的流表,SDN交换机B就会将自己的dpid号(dpid=2)、LLPD数据包输入的端口号(port_no=2)以及带有dpid号(dpid=1)和端口号(port_no=1)的LLDP数据包封装到Packet-in消息中,通过OpenFlow协议发送给SDN控制器。最后,SDN控制器解析Packet-in消息,知道SDN交换机A的端口1和SDN交换机的端口2存在一条链路。SDN控制器向电力通信网中的所有SDN交换机重复上述操作,便可得到网络拓扑结构。

笔者在仿真中采用Ryu控制器对电力通信网进行拓扑发现。Ryu控制器的switch.py文件包含网络设备信息的各种类,如Port类、Switch类、Link类、PortState类、LinkState类、LLDPPacket类、Switcher类等。在控制终端输入命令行observe-links,便可启动Ryu控制器的链路发现功能,具体过程为:SDN交换机加入电力通信网时,就会主动与Ryu控制器建立连接,触发Ryu控制器的EventOFPStateChange事件,Ryu控制器将SDN交换机的dpid号记录到self.dps字典中,将端口状态记录到self.port._state字典中,并生成对应端口的LLDP数据包，存储到self.ports字典中；随后，Ryu控制器周期性调用link-loop进程，将self.ports字典中的所有LLDP数据包通过send_packet函数发送给相应的SDN交换机，当SDN交换机对LLDP数据包做出响应，通过Packet-in消息发送给Ryu控制器时，会触发EventOFPPacketIn事件，packetin_in_handler函数会解析LLDP数据包，得到SDN交换机之间的链路link，将其保存到self.links字典中。Ryu控制器会周期性调用link_loop进程，遍历self.links中的链路，确保收集到的链路状态是实时的，并监测其是否发生改变。

（二）状态参数收集

状态参数收集模块主要负责获取电力通信网的链路状态信息，包括链路时延、链路带宽以及链路丢包率。这些参数是电力业务选择传输路径的重要依据，也是下一章节分配电力业务带宽的参考指标。根据OpenFlow协议，电力通信网能够采集SDN交换机的流表信息，端口信息和队列信息，如：端口转发数据包的数量和接收数据包的数量等，但这些信息并不能直接得出本节所需要的链路状态参数，需要将其进行转化。

（三）电力业务识别

电力业务识别模块主要用于判断业务类型。根据电力业务分类可知，不同类型电力业务的通信指标要求差异较大，例如：EF中的继电保护和AF中的广域测量，前者对时延的要求是不超过10 ms、误码率要求不超过10^{-6}，而后者对时延的要求是不超过30 ms，比继电保护高出20 ms，对误码率要求不超过10^{-9}，比前者低了1 000倍。因此，为电力业务选择传输路径时，需要准确识别电力业务，针对不同类型的业务采用不同的路由算法或者设置不同的路由指标。在基于SDN的电力通信网中，控制器收到Packet-in消息时，会解析出数据包头部的ToS字段，其可以区分电力业务类型。ToS字段占1个字节，笔者采用P2、P1和P0位表示电力业务类型，设置EF类为100、AF类为010以及BE类为001。同时，采用T3、T2、T1和T0位表示同类型的不同电力业务。CU为保留位，设置为0。

（四）全局路由及监测

现有电力通信网在为电力业务选择传输路径时，通常采用Dijkstra路由算法；如果针对比较紧急且重要的电力业务，如继电保护，就会采用静态配置方式预先规定其传输的专用路径。这种路由方式工作量大、维护成本高、管理困难,极易造成电力通信网资源利用率低、调度不灵活状况。同时,业务在电力通信网中的传输是逐跳进行,所参考的网络状态参数实时性不高,且电力网络设备收集状态参数困难,需要设备之间通过泛洪信令,实现难度大。此外,在决定电力业务的路由时,通常只考虑单一度量指标,如跳数、时延等,导致设计的路由算法不够准确。基于此,本节设计了全局路由及监测模块,该模块是QoS路由框架的核心,主要负责为电力业务选择满足其端到端QoS的传输路径并进行通信指标监测,进行路由决策并下发流表。针对BE类电力业务,该策略采用基于带宽的Dijkstra路由算法,选择剩余带宽富裕的最短路径,提高资源利用率,实现负载均衡。针对EF和AF类电力业务,该策略以链路时延、链路可用带宽以及链路丢包率为约束条件建立路由模型,采用LARAC(基于拉格朗日松弛的聚合成本)算法选择传输路径,并且监测网络中各电力业务流的端到端时延、带宽及丢包率变化,一旦出现约束条件过限的情况,就触发重路由机制,重新为电力业务规划传输路径。通过上述的QoS路由策略,电力通信网能够有效地对电力业务进行区分性路由,实现电力业务端到端的可靠传输。

对于BE类电力业务,其对时延、带宽以及丢包率等通信指标没有很高要求,只需要电力通信网尽最大努力传输即可,其不影响电网的安全、稳定、可靠、高效运行。因此,在传输BE类电力业务时,首要考虑的问题是如何增大电力通信网的吞吐量。将电力业务放在链路可用带宽高、业务数据量少的路径上传输,可以提高电力通信网的资源利用率及均衡SDN交换机的节点处理能力,使网络流量负载均衡。所以,笔者采用基于带宽的Dijkstra路由算法传输BE类电力业务。

EF和AF类电力业务对QoS的各项指标都有严格要求,寻找一个满足多个QoS指标要求的路由算法是保证电力业务可靠传输的关键。基于此,本章提出以链路时延、链路可用带宽及链路丢包率为约束条件建立的路由模型。该模型属于NP(nondeterministic polynomially,非确定性多项式)问题。目前解决NP问题的算法包括精准算法和近似算法。精准算法能够得到全局最优解,但其计算复杂度高,耗费时间长,不适用于对实时性要求极高的EF和AF类电力业务。近似算法采用循环的方式寻找局部最优解,其需要的计算资源少、计算复杂度低、实现简单，在实际生活中得到广泛应用。典型的近似算法包括：遗传算法、蚁群算法、拉格朗日松弛算法等。相对于其他近似算法，LARAC算法寻找最优解的时间最短，能够满足电力业务对实时性的要求。

三、仿真与分析

为了对基于SDN的电力通信网QoS路由策略（QoS routing strategy of power communication network based on SDN，SDNRS）进行验证，本章在Linux系统中搭建SDN的仿真环境，采用Mininet和Ryu控制器，建立仿真拓扑图，所有链路带宽设置为100 Mb/s。本章采用iperf工具向SDN网络中注入数据，包括：主机H1和H4分别向主机H5和H8发送EF类电力业务、主机H2向主机H6发送AF类电力业务、主机H3向主机H7发送BE类电力业务。

AF类的电力业务需要采用基于LARAC的多约束路由算法，本章设置其端到端时延，链路最小可用带宽以及丢包率要求如下：①端到端时延，EF类电力业务为10 ms，AF类业务为150 ms；②链路最小可用带宽，EF类电力业务为20 Mb/s，AF类电力业务为25 Mb/s；③丢包率，EF类电力业务为≤0.05%，AF类业务为≤0.01%。

为了验证SDNRS策略的有效性，本章将其与Dijkstra路由算法进行比较。通过改变主机H1、H2和H3的发送速率，得到电力业务的接收速率及丢包率变化。本章设置发送速率的范围为5～25 Mb/s，间隔步长为5 Mb/s，每种发送速率的持续时间为2 min。EF和AF类电力业务的端到端时延及丢包率约束条件不变。对于EF和AF类的链路最小可用带宽约束，本章设置EF类电力业务为30 Mb/s，AF类电力业务为35 Mb/s。

当采用Dijkstra算法为电力业务选择传输路径时，所有的业务都会在最短路径上传输，造成局部链路拥塞；随着发送速率增大，不同类型的电力业务抢占拥塞链路的资源，导致各种业务的接收速率不再升高。当电力通信网采用本节提出的SDNRS策略时，所有电力业务的接收速率与其发送速率相差略小，表明SDNRS策略能够充分利用带宽，为电力业务选择满足其通信要求的传输路径。

第三节 基于SDN的电力通信网络队列调度策略

SDN交换机在端口对业务进行QoS配置时，只提供粗粒度的调度，即通过将业务映射到不同带宽的队列，提供差异化的服务。这种方式只对单一的通信指标进行保证，如时延、丢包率等，无法满足电力业务对多个通信指标的要求。同时，SDN交换机采用固定的队列带宽配置，其不能根据队列拥塞情况进行实时调整，造成网络资源利用率低，业务丢包率大。现有大多数SDN交换机都运行在Linux系统之上，如Open vSwitch（OVS）交换机。Linux系统中的流量控制（traffic control，TC）具有功能强大且异常灵活的流量控制机制，包括队列调度和队列管理，支持各种方式的分类、排序、共享和限制出入流量等功能。其中，队列调度机制包括HTB（等级令牌桶算法）等，队列管理机制包括随机早期检测（random early detection，RED）等。目前，HTB机制已被应用于SDN进行QoS配置，但是，采用单一的流量控制机制对电力业务的差异化调度效果并不理想。因此，本节主要研究利用TC的多种流量控制机制为电力业务提供细粒度的QoS，并通过SDN提供的可编程接口RESTful API及OpenFlow协议，将其在电力通信网中实现。

一、基于SDN的电力通信网队列调度设计

SDN控制器给电力业务规划路由并下发流表之后，电力业务会被传输路径上的各个SDN交换机发送到指定端口，等待调度①。在端口的等待时间、带宽配置等因素会影响电力业务端到端的QoS。因此，需要根据电力业务类型制定队列输出顺序及带宽分配方式。该框架根据电力业务类型计算队列带宽，采用TC指令封装调度策略，并通过RESTful API接口下发给电力网络设备，具有创建队列、分配带宽以及管理队列的功能。除了网络拓扑管理、状态参数收集、电力业务识别和全局路由及监测模块，本节还在电力通信网的各个层面增加相应模块，包括在电力业务应用层添加带宽分配和队列配置模块、在电力控制层添加队列解析模块、在电力数据转

①李深昊. SDN中基于流量分类的路由优化技术研究与实现[D]. 北京：北京邮电大学，2021：16-18.

发层增加队列调度模块。各个模块的功能特性将在下一节详细介绍。电力业务在SDN中的队列调度过程如下。

步骤1:进入到电力数据转发层的电力业务,首先会匹配流表,如果流表中存在对应电力业务的指令集,就按照规定的动作将其转发到指定端口,等待队列调度模块输出,如果流表中不存在对应业务的流表,则通过OpenFlow协议将业务信息上报给电力控制层。

步骤2:电力控制层在收到业务信息后,首先会识别电力业务类型,除了要进行上一章介绍的路由选择及流表下发,电力控制层还需要将采集到的网络拓扑、链路状态参数、电力业务类型及业务传输的路径通过RESTful API发送给电力业务应用层,以便为电力业务创建队列并配置带宽。

步骤3:带宽分配模块接收到电力控制层上报的信息后,按照本节提出的电力业务带宽分配方式计算业务所在队列的带宽,然后队列配置模块通过TC指令封装最新的队列配置信息,最后通过RESTful API接口发送queue_config_info消息给电力控制层的队列解析模块。

步骤4:队列解析模块接收并解析队列配置信息,解析出其中的重要信息,将其填充到QueueGetConfigRequest消息中,并通过OpenFlow协议发送queue_mod消息给电力数据转发层的队列调度模块。

步骤5:队列调度模块接收到电力控制层发送的请求后,取出其中的队列配置信息并安装,同时通过OpenFlow协议向电力控制层回复QueueGetConfigReply消息,表明已成功安装最新的队列调度规则及带宽配置,最后队列调度模块根据安装的规则输出电力业务。

在电力通信网中,即使没有新的电力业务注入或者网络中的电力业务都存在流表,电力控制层的SDN控制器还是会周期性地将网络拓扑、链路状态参数以及网络中电力业务传输的路径发送给带宽分配模块,以便动态调整电力网络设备的带宽配置,缓解队列拥塞以及提高资源利用率。

二、队列调度框架的相关模块

(一)队列调度

队列调度模块负责根据SDN交换机端口安装的流量控制规则转发电力业务。其中的流量控制规则包括电力业务的输出顺序及占用带宽。为了实现电力业务的细粒度差异化服务,本节采用两级调度输出方式。在第

Ⅰ级调度中，对于不同类型的电力业务，将其映射到不同优先级队列，本节赋予EF类电力业务最高优先级，AF类电力业务次之，BE类电力业务最低。同时，在电力网络设备端口设置BF队列、AF队列以及BE队列，让其分别承载EF类电力业务、AF类电力业务及BE类电力业务。此外，采用基于优先级的队列调度输出不同类型的电力业务，即最先输出EF队列中的电力业务，在EF队列中不存在需要调度的业务时，才输出AF队列中的电力业务，依此类推，最后输出BE队列的电力业务。当电力网络设备在处理低优先级队列时，如果高优先级队列中存在电力业务，则高优先级队列会抢占带宽资源，优先转发业务。但是，如果高优先级队列中一直存在业务传输，将会导致低优先级队列得不到资源而“饿死”。因此，需要给高优先级的队列设置一定限速机制，本节采用令牌桶(token bucket filter，TBF)限速。在第Ⅱ级调度中，针对同类型的AF业务，本节根据电力业务重要度将其划分为多个AF子队列，AF子队列间共享带宽。固定的带宽分配比例会导致部分AF子队列出现拥塞，导致电力业务丢包。因此，需要SDN根据网络状态周期性调整AF子队列的带宽。电力业务在SDN交换机端口等待转发的处理过程如下。

步骤1:SDN交换机识别电力业务的ToS值，通过电力网络设备中的过滤器将电力业务过滤到相应队列，即EF队列、AF队列或者BE队列。如果该业务属于AF队列，则还会被过滤到对应的AF子队列，转入步骤2。

步骤2:输出EF队列中的电力业务，在EF队列中不存在电力业务或者TBF中没有令牌时，转入步骤3。

步骤3:以轮询的方式依次输出AF子队列中的电力业务。在输出过程中，如果EF队列存在电力业务且有令牌时，转入步骤2;如果所有的AF子队列都没有电力业务，则转入步骤4。

步骤4:依次输出BE队列中的电力业务。在此期间，如果EF队列有业务进入且有令牌，转入步骤2;如果AF子队列存在电力业务，转入步骤3。

(二)队列解析

队列解析模块负责通过SDN的可编程接口，接收电力业务的队列配置信息，并通过OpenFlow协议，传递给电力网络设备。为了使电力网络设备能够成功接收队列配置信息并响应，利用OpenFlow协议的QueueGet-ConfigRequest请求消息和QueueGetConfigReply回复消息，将队列配置信息和电力网络设备的安装状态封装到上述两个消息中。QueueGetConfigRequest 消息是由 SDN 控制器发送给电力网络设备。其中，version 字段表示 SDN 使用的 OpenFlow 协议版本，本节采用 OpenFlow13；type 字段是指该消息的类型，这里为 QueueGetConfigRequest；length 字段是指该消息所占的字节长度；xid 字段表示 SDN 控制器处理该消息的事务号；port 字段表示 SDN 控制器发起请求的端口；pad 字段可以用于数据填充；data 字段是新增的，用于放置队列配置信息，本节将其长度设置为 240 字节。QueueGetConfigReply 消息是电力网络设备对 QueueGetConfigRequest 消息的回应。该消息添加了 result 字段，用于将电力网络设备安装队列配置信息的状态回复给 SDN 控制器，本节将其设置为 success 或者 fail。

（三）队列配置

队列配置模块负责采用 TC 指令，实现面向电力业务的两级调度逻辑及 AF 子队列带宽配置逻辑。同时，通过 Restful API 接口，将封装好的队列配置逻辑信息下发给电力控制层的 SDN 控制器，实现对电力业务 QoS 配置及灵活管理电力网络设备的带宽资源。SDN 支持两种队列配置。一种是默认的 FIFO，该机制仅设置一条逻辑通道，所有的业务按照先进先出的方式依次输出，在业务被转发时，所有的链路资源都可以为其服务，当网络负载大、数据量多，这种方式会导致业务在端口的等待时间长且资源使用效率不高。另一种是广泛使用的 HTB，该机制允许用户设置多个队列并为每个队列配置少量的 QoS，如最大传输速率、最小传输速率等。HTB 允许队列之间共享带宽，即当网络设备端口同时出现拥塞队列和空闲队列时，空闲队列可以预留一定的带宽资源，将剩余部分借给拥塞队列，从而实现资源共享。这种借出资源的前提是要先满足自身的 QoS 保证。对于电网而言，当电力设备出现故障时，应该在尽可能短的时间内将故障信息报告给电力控制中心，便于及时处理，对于这种电力业务，电力通信网应该优先处理，即使是利用网络的所有带宽或者中断其他电力业务传输。由此可知，SDN 提供的队列配置不适合电网。从而，本节设计面向电力业务的队列配置。根据现有 SDN 交换机的工作环境是 Linux 系统，并且 Linux 系统提供强大的流量管理工具 TC，本节采用 TC 实现对电力业务的队列配置。当 SDN 交换机中的电力业务在向下一跳转发时，会经过 Linux 的内核，受到 TC 管控，从而实现电力业务的 QoS 配置。

TC对网络设备中流量的控制主要包括进端口的流量整形以及出端口的队列调度。进端口的流量整形主要是为了丢弃传输速率过大的数据包；出端口的队列调度主要是为了分类、排序、限速等。本节在实现队列配置时，重点关注后者。TC采用队列规定（qdisc）、类（class）以及过滤器（filter）三部分实现对流量的控制。其中，qdisc相当于一个调度器，负责定义队列中数据包被转发的方式；class将业务划分类别，以便区分对待；filter就是根据业务信息将业务过滤到相应队列，如IP地址、端口号等。三者之间的关系如下所示：当业务被送到电力网络设备端口等待转发时，其首先会被filter过滤到相应的class，每一个class会有一个qdisc，qdisc会按照设置的规则转发电力业务。TC中有一些常用的qdisc，如PRIO、HTB等。

PRIO是一种基于优先级调度算法的有类队列规定。默认情况下，其创建3个频道，每个频道采用数据包先进先出的转发方式，用户也可以根据自身需求修改频道数目及对应的队列规则。进入PRIO队列规定的数据包，其处理过程为：当数据包进入队列，过滤器会根据数据包信息将其划分到相应频道，当数据包输出队列，PRIO队列规定会最先处理标号最小的频道，直到频道中不存在数据时，才转向下一个标号大的频道并处理其中的数据。PRIO队列规定适用于需要对业务进行优先级划分的情况，主要包含2个参数：①bands，该参数用于设置频道的数目，这里的频道就相当于class；②priomap，该参数是一个8位的二进制串，在没有为频道设置filter的情况下，将参考priomap的值决定频道的优先级。

HTB将网络的物理通道虚拟化为多条逻辑通道，即多队列，通过限制各队列的输出速率，为业务提供差异化服务。HTB队列规定采用差额轮询调度（deficit round robin，DRR）和令牌桶（TBF）结合的方式。其中，DRR规定业务输出的顺序，TBF限制业务转发的速度。当叶子类（leaf class）的队列速率超过设定的值并且没有令牌转发业务时，leaf class就会向其父类inner class借用令牌，如果inner class中存在令牌，那么会直接下发令牌给leaf class，待其用完后归还，如果inner class中不存在令牌，就会向其父类root class租借令牌，从而这样一级一级地借用直至达到根类。通常，所有子类的带宽之和不会超过其父类，所有子类的令牌数量总和也不超过父类。这样，父类才会有多余的令牌借出。HTB包含以下参数：①default，该参数是一个可选项，对于没有设置filter的业务，其可以通过该参数所指的通道转发;②rate,该参数用于设置为业务提供的最小速率:③eil,该参数用于设置为业务提供的最大速率;④burst,该参数表示队列可以一次性转发的最大数据量;⑤cburst,该参数表示在借用令牌的情况下,可以一次性转发的最大数据量;⑥quantum,该参数与DRR调度有关,表示队列轮询中可以输出的数据量;⑦r2q,该参数用于修改quantum的值;⑧prio,该参数表示队列的优先级,值越低,优先级越高。

笔者面向电力业务设计的两级调度就是基于PRIO和HTB实现的。在电力网络设备端口等待输出的电力业务,其处理过程为:根据数据包信息,如ToS值,电力业务被filter划分到PRIO下的对应频道,EF类电力业务进入1:1class,AF类进入1:2class,BE类进入1:3class,电力网络设备端口的调度器会优先输出1:1class中业务,然后是1:2class,最后是1:3class;如果AF类中包含多个电力业务,那么在1:2class下面设置HTB,并建立对应电力业务数量的class。

三、仿真与分析

为了评估本节所提基于SDN的电力通信网队列调度策略(queue scheduling strategy of power communication network based on SDN,SDNQS)的性能,在Mininet中构建仿真拓扑。该拓扑使用Ryu控制器和OVS交换机实现SDN网络,并且所有链路带宽均设置为100 Mb/s。通过iperf工具,主机1向主机2发送不同的电力业务,包括EF类型(flow1)、AF类型(flow2、flow21、flow22)和BE类型(flow3)。

与MFSBA(深入分析积木式算法)算法相比,flow1的端到端时延在SDNQS策略下始终较低。这是因为MFSBA算法仅提供带宽保证,当flow1的带宽需求增加时,MFSBA算法只有在保证flow2QoS的前提下,才会把flow2剩余的带宽借给flow1。在SDNQS策略中,flow1的优先级高于flow2,所有资源都将优先分配给flow1。因此,当flow1的发送速率增加时,其端到端时延不会随着发送速率的变化而增加,但是flow2的时延会由于缺乏资源而急剧增加。

当发送速率较小时,所有电力业务都可以获得足够的带宽保障;随着发送速率的增加,所有业务都会竞争资源,并且只有flow1的接收速率不受影响。这是因为在SDNQS策略下,flow1在任何情况下均优先使用资源,

flow2 仅获得最小的带宽保证，flow3 需要将资源让给优先级更高的电力业务。

在带宽要求相同时，flow21 的端到端时延总是略低于 flow22。这是因为 flow21 的时延敏感性略高于 flow22，所以在带宽调整阶段，flow22 借出的带宽总是比 flow21 借出得多。

与 MFSBA 算法相比，flow21 和 flow22 的丢包率在 SDNQS 策略下明显降低。这是因为 MFSBA 算法采用固定带宽分配比例，容易造成队列拥塞，导致电力业务的丢包率严重。在 SDNQS 策略下，SDN 控制器监测网络状态，能够感知到队列拥塞，从而将空闲队列的带宽调整给拥塞队列，降低丢包率。

第五章　PTN技术在电力通信网络中的应用与优化

第一节　PTN技术在电力通信网络中的适应性

一、PTN基本原理

（一）PTN设备架构

与基于SDH的MSTP设备类似，可认为是MSTP设备的继承和发展，两者最主要的区别体现在交换核心、同步功能、多业务承载方式、传输媒介等方面。

PTN设备相较于传统SDH设备具备以下主要功能特点。

①PTN采用分组化的交换核心，其交换颗粒可以是定长或不定长的分组（SDH则基于电路交换核心，交叉连接粒度为VC-12/VC-4等）；

②SDH只能够支持网络的频率同步，而PTN设备不仅支持网络的频率同步，而且同时支持时间同步[①]。

③PTN可使用以太网（GE/10GE）、SDH（STM-*n*）等作为线路侧的传输媒介。

④PTN与SDH/WDM类似，都可加载控制平面，实现端到端业务调度以及基于控制平面的恢复等ASON智能特性。

⑤PTN采用基于标签交换的传送属性（multi-protocol label switching transport profile，MPLS-TP）机制完成多业务承载，遵循RFC5921的规定，通过端到端的伪线仿真PW3实现TDM、ATM、Ethernet等多种业务接入和承载。

⑥PTN针对多业务承载主要包括基于IP的传输业务、基于MPLS标签

①卢兰．PTN中基于IEEE1588时间同步技术研究[D]．桂林：桂林电子科技大学，2020：11-15.

传输业务和伪线(pseudo wire,PW)业务三大类,其中IP业务和基于MPLS标签的业务为可选业务,基于伪线仿真来承载的业务主要包括ATM、TDM和以太网业务。

⑦PTN与基于SDH的MSTP一样,都可以通过特定技术手段来支持多业务承载,但两者存在重要区别:在MSTP设备中要支持IP/MPLS业务,需要在TDM平面的基础上加上分组平面,即在TDM交叉核心外加分组交换核心,该方式提高了技术的复杂性,并增加维护的难度;而PTN的IP/MPLS处理可直接利用设备的同一个分组核心,充分利用了分组交换的灵活性,也符合在同一平面上实现全业务承载的发展趋势。

(二)PTN的分层结构

分组传送网络PTN主要分为PTN虚通道(VC)层网络、PTN虚通路(VP)层网络和PTN虚段(VS)层网络等三层结构。

业务进入PTN设备后逐层封装,客户层信号按照1:1或n:1的关系被封装进PTNVC层内,即一个客户业务或者多个客户业务可被封装进一条VC通道,而一条VC通道能够由多条VP通路来承载,一条VP通路能够由多个VS段层组成,从而按照模型逐层封装结构,客户信号经过虚通道层、虚通路层以及虚段层的一系列封装,最终适配进物理媒介层在传送网络中进行传输。

在PTN网络结构模型之中,通过动态的控制平面及网管系统,利用多协议标签完成LSP(双向标签转发路径)的建立,业务模型根据客户业务层与VC层之间的不同关系,可分为客户/服务层(在PTN域内创建)和对等(在客户域内创建)两种业务模型。

1.PTN的虚通道(VC)层

PTN的虚通道(VC)层网络表示业务的特性,包括业务类型、拓扑类型和连接类型等,与SDH的低阶通道层(LO-VC)类似,针对以太网传送技术,PTN的VC层即为以太网S_VLAN(serve virtual local area network,服务虚拟局域网)层。将信号净荷适配封装到虚信道之上为客户提供端到端的传送网络业务,实现最贴近业务层的监控,并映射到虚通路(VP)层承载。

2.PTN的虚通路(VP)层

PTN虚通路(VP)层主要提供传送网络隧道(trunk),与MPLS中的隧道层相类似,将以太网信号或非以太网信号TDM、ATM、FR等封装到一个更大的隧道中，实现端到端的逻辑连接特性，PTN虚通路（VP）层链路采用配置点到点、点到多点的方式支持PTNVC层网络。

3.PTN的虚段（VS）层

PTN虚段（VS）层代表相邻节点间的虚连接，保证SDH、OTH、以太网或者波长通道在相邻节点之间信息传递的完整性，提供点到点连接能力来监视物理媒介层，并通过提供点到点VS路径来支持一个或多个VP或VC层信号在相邻网络节点间的链路上传输，一般与物理媒介层的起始和终点具有相同的连接。

4.传输媒介层

传输媒介层就是基于SDH、以太网和OTN等物理层实现对比特流的传送，可划分成物理媒介及分组传送层，支持PTN的虚段（VS）层网络的传输媒质，比如铜缆、光纤和无线等。

（三）PTN的功能平面

分组传送网PTN网元的功能平面由传送平面、控制平面、管理平面组成，同时每个平面又包括许多功能模块。

传送平面包括线路适配、业务适配、分组转发、QoS、交换、OAM、保护、同步等模块，关键功能技术主要包括以下方面。

线路适配模块使得客户业务经过边缘到边缘的伪线仿真（pseudo-wire emulation edge to edge，PWE3）封装后能够与PW对接，同时能够处理出、入MPLS的相关业务。

业务适配模块能够完成对客户层以太网、TDM等业务的接入处理和PWE3的封装功能；分组转发模块能够完成对业务的高速无阻塞转发。

QoS模块实现流分类和标记、流量监管、拥塞处理和拥塞避免等功能。

OAM模块检测并定位网络中缺陷和故障，实现告警抑制等功能，并可触发保护倒换。

保护模块能够在网络中出现故障时实现业务的保护处理功能。

同步模块能够提供网络的高精度定时等功能。

传送平面采用分层结构，传送过程中客户信号在标签分组传送中进行封装和数据转发，即由标签组成端到端的路径，封装后加上PTC标签，形成单个分组传送信道（PTC），多个分组传送信道复用成分组传送通道（PTP），网络中间节点交换PTC或PTP标签，建立标签转发路径，再通过通用成帧规程GFP封装到SDH/OTN,或封装到以太网物理层进行传送。

在传送平面中包括两类接口,客户网络接口(UNI)和网络－网络接口(NNI),连接客户设备和PTN网元称为UNI接口;连接PTN网元和PTN网元的称为NNI接口。从水平方向来看,PTN网络分为不同的管理域,其中单个设备的PTN网元组成单个管理域,也可以组成某个网络或子网,不同领域之间的物理连接称为域间接口(IrDI),而域内接口(intra-domainInterface,IaDI)就是由域内的物理连接形成。

控制平面由提供信令、路由和资源管理等模块组成。其中,控制信令可实现建立、删除、修改呼叫和连接;资源管理可实现邻居发现和状态维护;路由功能模块可实现最佳连接路由的选择。控制平面受到管理平面的管理,可选择拆除以及为管理平面提供故障上报和服务响应支持。

管理平面实现拓扑管理、配置管理、故障管理、性能管理和安全管理等功能,可实现对传送平面、控制平面以及整个系统的全方位管理,同时,管理平面为设备提供完善的辅助接口和管理功能,确保各平面之间高效合作,本平面失效不应当影响其他平面的正常工作。

二、PTN在电力通信网的业务承载应用

(一)PTN对电力通信网的多业务隔离

在电力通信网中采用PTN端到端的伪线仿真(PWE3)技术,可以承载对实时性要求较低的生产调度管理信息(MIS)、电能采集及故障监测等业务,电力部门行政办公自动化业务、财务及用电营销RMIS等业务;还可以承载对实时性要求较高的调度电话及行政电话业务、视频会议业务;随着PTN技术的进一步成熟,还可以直接承载对实时性要求最高的电网实时控制业务(继电器保护、安稳、自动化等)。

PWE3是一种在分组交换网络(packet switch network,PSN)上模拟各种端到端的二层业务机制,将业务数据的信令信息、帧格式信息、告警信息以及同步定时信息等基本业务属性封装到电路仿真报文头中进行转发传送,提供对包的封装、帧排序、帧重复检测和帧分段等功能的处理,以达到业务仿真的目的。

PTN通过LSP和PW机制,将不同电力业务进行严格隔离,为不同配网业务的接入点分别建立一条到达该业务主站系统的LSP。不同安全区业

务通过端口+VLAN进行识别和隔离，确保各种业务之间互不干扰，同时采用Ethernet PWE3技术对VLAN业务数据进行封装，其中包括TDM、ATM和以太网业务。根据相应的业务需求在电力通信网各个接入节点和骨干节点之间建立多个PW隧道，边缘节点（provider edge，PE）将收到的通信信息包封装为PW-PDU并通过底层隧道的承载将数据流发给对端的PE，对端的PE收到后对数据包进行帧校验、重新排序，然后建立多个PW通道，将数据包转发至用户边缘节点（client edge，CE），以保证每条业务端到端的QoS保障。

（二）PTN对电力通信网的QoS时延保证

电力通信网属性由电力工业自身需要所决定，具有承载电力系统实时控制业务、电力通信站点的设置密度大、总体通信容量小等特点，对实时性、安全性、可靠性要求高。为了实现RMIS、VoIP、IP视频、监控等关键业务系统的QoS保证，保证电力业务在传送过程中的带宽、时延和抖动等技术指标，PTN继承以太网IEEE 802.1p排队特性对数据帧进行优先级调度，遵循低优先级不冲击高优先级，高优先级不下溢到低优先级的原则，使用DiffServ区分服务的端到端QoS机制，将数据流分为三大类：EF优先转发、AF保证转发、BE尽力而为，对时延敏感的语音业务必须优先转发，设为EF类，而AF类业务对时延不敏感，BE类业务对时延和带宽都没有特殊要求，以此确定转发数据的优先性，使得配网中各节点可以对业务进行差异化处理，改善电力业务的数据流特性、提高网络带宽利用率，降低延迟。

PTN支持的QoS功能包括：流分类和流标记（traffic classification）、流量监管（traffic policing）、拥塞管理、流量整形（traffic shaping）和队列调度等。

1.流分类和流标记

流分类是基于以太网业务、目的地址等不同种类的业务报文形式采用不同的控制策略。流分类后，在IP报文DS字段（differentiated services field，DS Field）通过标记分组的差分服务代码点（differentiated services code point，DSCP）来识别每一类业务流，DSCP使用6比特，可以定义64个优先级（0～63）。

DiffServ中，路由器根据DSCP字段为数据分组执行特定的PHB，DiffServ标准定义了4类PHB：尽力而为（BE），类别选择（category select，CS），加速转发（EF），可靠转发（AF）。

2. 流量监管、整形

流量监管是对业务流进行速率限制，防止超过指定带宽对其他业务造成影响，一般采用双速率三色标记(RFC2698)算法。

流量整形就是对超出流量约定的分组进行限制，在恰当时再将受限制的分组转发出去，使报文能以均匀的速率发送，这种机制有利于降低下游网元在流量突发情况下丢包率过高。

3. 拥塞管理

拥塞避免通过监控网络流量的负载情况，尽力在网络拥塞发生之前预计并且避免拥塞的发生，支持尾丢弃(tail-drop)和加权随机早期检测(WRED)策略。拥塞控制功能用来监控网络负载，预见并避免拥塞的发生，拥塞避免一般通过丢包技术实现。

4. 队列调度

队列调度是对不同优先级的报文进行分级处理，提供不同业务的质量保证，当网络发生拥塞时，对不同PHB的业务流应提供不同的队列调度策略，以使高优先级的业务流得到优先服务。

根据测试PTN通过端到端QoS队列调度的延时相当小，最大包长下延时也在200 μs左右，几乎没有抖动。

(三)电力通信业务在PTN的传送时延分析

对于电力通信网中实时性和可靠性要求比较高的业务，业务的延时和抖动对于业务质量影响很大，需要重点考虑，业务的传送时延是指从数据包第一个比特进入首节点设备入口到最后一个比特从末节点设备出口输出的时间间隔，对于电力通信网络，数据包在网络入口进行划分，转发等价类后进行标记，完成业务时延的处理。

1. 封包时延

数据业务流被封装为PW报文引入的延时，这是TDM电路仿真技术特有的延时，以E1业务转发流程为例：E1的速率是2.048 Mb/s，每帧包含32个时隙共256 bit，每秒传输8 000帧，每帧持续时间为0.125 ms，如果采用结构化的封装方式每4帧封装为1个PW数据包，封装1个PW数据包需要的封包延时是4×0.125 ms=0.5 ms，封包时间随PW内封装数据帧的数量线性增加，封装越多的帧，封包延时就越大。

2.业务处理时延

业务处理时延与设备本身处理能力有关，就是设备对报文进行处理的时间，主要由报文过滤、报文封装和转发、报文合法性检查、校验以及计算等过程所需处理时间组成。

3.QoS时延

PTN设备是包交换设备，它的QoS机制采用的是DiffServ区分服务，为保证不同业务的QoS特性，对业务数据包按照优先级高低进行分类，采用队列调度机制，当业务优先级较高时，会分配足够带宽保证业务被优先转发；而优先级较低时，会排在队列中推迟转发，这种情况下产生的时延就是QoS时延，实际上，一般都是把重要的数据业务设定为最高优先级，且可通过设定承诺信息带宽(committed information rate，CIR)来保证。QoS时延主要在业务量较大、网络发生拥塞的场景下较显著，但是配电通信网大多情况下处于轻载，所以QoS造成的时延并不突出。

4.网络传送时延

网络传送时延从PW报文进入入口PE开始算起，途经包交换网络，离开出口PE结束所经历的时间，网络传送时延受网络影响很大，主要产生在线路传输和网络交换转发过程中，容易引入业务抖动，随拓扑结构和业务流量不同差别较大。IEEE 1588协议对时会引入大量透明时钟TC和边界时钟BC，但由于频率较低，延迟测量随机性较大，若短期内网络负载发生变化太剧烈，相应网络时延的值就会偏离实际情况。

此外，PTN业务采用的静态配置方式，在业务开始传送前，业务连接通道就是建立好的，所以计算业务传送时延没有考虑业务本身建立连接的时间。

三、PTN在电力通信网的网络同步应用

(一)PTN对电力通信网的生存性

现有电力通信网络总体上呈“骨干网强、接入网弱”“高电压端强，低电压端弱”的态势，传输网络主要以环网为主，采取环加链的形式，大都以SDHMSTP自愈环网为主，组网方式相对单一，不能抵御多次故障，PTN设备可以依据传送网现状进行灵活组网，既可以与MSTP设备共同组成地市级接入层和汇聚层，也可以和OTN设备共同组成地市级骨干层，不需要

SDH层面参与也能支持分组环网保护，实现以太网分组环小于50 ms的电信级业务保护，更有利于通信网络的平滑过渡。

PTN的生存性是一个重要的电力通信网络性能指标，采用基于传输平面的保护倒换技术和基于控制面的恢复技术。其中，基于传输平面的保护技术主要包括线性保护、子网连接（SNCP）和环网保护。

线性保护遵循G.8131标准，支撑PW层、LSP层以及链路层多层保护倒换，倒换可以由管理平面发起，也可以在设备检测到故障后由故障指示信号发起。环网保护遵循G.8132标准，是基于TMS层的保护倒换机制，采用Wrapping和Steering两种方式，与SDH复用共享保护环的机制类似，在环上同时建立工作路径和保护路径来支撑点到点、点到多点的连接应用。

Wrapping方式是基于故障相邻节点的环回保护倒换，在Wrapping方式下，不需要重新计算路径，流量在本地环回，故障信息不会通知到除故障段两节点外的环上其他节点。

Steering方式是基于业务端到端的保护倒换，在Steering方式下，重新计算路由，流量从环上反方向环回，故障信息将被通知到环上所有节点。Steering保护涉及原传输方向上的所有节点，因此在节点较多时，Steering方式收敛时间较长，所以，Wrapping保护在收敛时间上有一定优势。

PTN技术采用硬件电路实现OAM功能，支持1+1、1∶1网络保护倒换，不仅为承载调度业务的E1通道提供50 ms快速倒换，也为分组业务提供50 ms快速倒换。OAM控制平面的恢复基于MPLS/ASON的分布式技术，在线路故障错误发生前，预先计算保护备用路径，或在线路故障错误发生后，重新计算保护备用路径。

（二）PTN对电力通信网的统计复用

各地市电力传输网大多以622 Mb/s或2.5 Gb/s带宽为主，随着业务类型不断由传统的64 kB、2 MB等低速率小颗粒TDM业务转向FE、GE、10GE等大颗粒IP业务，带宽容量已成为制约传统电力传输网发展最大的瓶颈。相对于MSTP只能实现最小为2 MB的带宽颗粒，PTN继承以太网交换机的统计复用功能，可以实现100 kB的带宽颗粒，作为传送网的PTN网络支持高达10 GB以上的容量，根据电力业务信息量的要求，基础带宽既可定为N×2 Mb/s，又可以在运行中根据电力通信网络流量的增加以N×64 kB/s颗粒适时扩容链路。

假设有两条电力业务:业务1和业务2,业务1由A-B-C,PIR峰值带宽设定为100 MB,CIR承诺带宽设定为20 MB;业务2由D-C-B,PIR峰值带宽设定为50 MB,CIR承诺带宽设定为10 MB;在业务1比较空闲的情况下,如果A-B-C只需要30 MB带宽,那余下带宽,比如B-C这一段空余的带宽将能为业务2即D-C-B业务所用,业务1和业务2不会时刻处于峰值状态,采用PTN技术的统计复用功能,设置一定收敛比,这样就能大大提高电力通信网络的带宽利用率。同时,PTN的大容量、高带宽传送能力和动态带宽分配功能可以满足电力调度和行政管理所使用的各种应用型网络和向其他领域扩充业务的需求,为电力企业的生产、管理及办公自动化系统多业务统一平台提供各种接口,进行业务带宽细分,快速响应调度自动化的实时、准实时信息交换。

(三)PTN对电力通信网的时间同步

在电力通信网中,IP数据业务已经占到通信网络的90%以上,建立在IP基础上的IEC 61850协议成为基于以太网的变电站内新的网络时间同步协议标准,对电力通信网络时间同步提出更高的要求。传统电力系统在时间描述方面时间精度差异较大,不能直接提供时间同步功能,只能采用在各站点接收GPS信号的方案解决),而PTN对传输的时延和丢包率改进不仅遵循G.8261要求,同时采用IEEE 1588协议,同步精度可以达到亚微秒级,具有严格的定时同步功能,能解决电力生产业务的测量和控制应用分布网络定时,广泛应用于基于以太网通信架构的保护、控制、自动化和数据通信应用的电力通信系统中。

在PTN网络中,同步方式主要有时间同步技术IEEE 1588v2协议、透明时钟TOP同步和GPS系统同步等,其中应用较为广泛的主要有同步以太网和IEEE1588精确时间同步协议。同步以太网遵循G.8261标准,只支持频率同步;IEEE 1588不仅支持频率同步还能支持时间同步,简称为精确时间协议(precision time protocol,PTP),目前PTP已经发展到IEEE 1588v2版本,同步精度可以达到亚微秒级,具有严格的定时同步功能,能解决测量和控制应用的分布网络定时,是通用的提升网络系统定时同步能力的规范,如果将达到微秒级精度的IEEE 1588v2协议引入电力通信系统,就能很好地实现变电站T5级的时间精度要求。

1.PTP时钟

PTP主从时钟系统将整个时钟网络分为三种，即普通时钟（OC）、边界时钟（BC）、透明时钟（TC），网络始端或终端设备可以设置为OC，OC作为普通时钟只有一个PTP通信端口，这个端口只能作为Master（主端口）或Slave（从端口）；BC设备有多个PTP通信端口，其中一个端口作为Slave，其他端口作为Master，每个端口提供独立的PTP通信，接收和继承上一级设备的系统时间和频率，实现逐级的时间传递，通常用在网络中间节点时钟设备（如交换机和路由器）上。TC设备作为网络中间透明时钟设备，可分为端到端透明时钟（end-to-end transparent clock，E2ETC）和点到点透明时钟（peer-to-peer transparent clock，P2PTC）两种，通过计算报文在中间网络设备内驻留时间，测量链路时延，修正时间戳信息，从而实现主从精确时间同步。

2.PTP报文

PTP报文在以太网中的传输是建立在UDP/IP协议层的基础之上，符合以太网报文传输的规约，PTP报文类型一般分为两种。一种是事件报文，这种报文在进入和送出PTP节点时会触发底层打时间戳的功能。另一种是通用报文，对它的收发不需要触发底层打时间戳的功能。

Sync报文：同步报文。Sync报文由经过BMC算法的主时钟广播发送，一般发送周期设为2s，也就是校时系统的校时周期为2s。Sync报文中包含一个该信息发送时的粗略的时间估计值。

Delay_Req报文：延迟请求报文。Delay_Req报文是从时钟节点在接收到主时钟发送的Follow_Up报文后，向主时钟回复的握手报文。

Pdelay_Req报文：对等延迟请求报文。在透明时钟参与的对时过程中，用来独立测量两两节点之间的路径时延Pdelay，可以是在两个地位相等的节点之间测量。

Pdelay_Resp报文：对等延迟响应报文。在透明时钟参与的对时过程中，用来独立测量两两节点之间的路径时延Pdday，可以是在两个地位相等的节点之间测量。

Announce报文：通知报文。参与BMC算法，由主时钟定期发送，包含主时钟优先级和质量等信息。

Follow_Up报文：跟随报文。紧跟Sync报文，主时钟会将Sync报文发送的详细时间戳信息打在Follow_Up报文上，然后发送给从时钟，这样可以使Sync报文变得简短，有利于主时钟发送Sync报文和从时钟接收Sync报文时打上更精确的时间戳。

Delay_Resp报文：延迟响应报文。包含收到Delay_Req报文的精确时间信息。

Pdelay_Resp_Follow_Up报文：对等延迟响应跟随报文。在透明时钟参与的对时过程中，作用与Follow_up报文类似。

Management报文：管理报文。一般由管理节点发送，可以设置改变节点或端口的状态。

Signaling报文：信号报文。

第二节 PTN技术在电力通信网络中的应用分析

一、PTN在电力通信网的工程应用

（一）典型配电通信网络设计

从整个电力通信系统结构来看，配电通信网系统主要覆盖10 kV及以上、110 kV以下的各个开关站/开闭所、配电房、环网柜、柱上开关、配电变压器、分布式能源站点等，向上承接110 kV及以上电力通信骨干网络，向下可延伸至配电终端或低压用户接入网。

1.网络拓扑

本工程选在重庆市地区级电力通信网络范围，该配电片区地形以丘陵为主，多山、多河沟并且跨度大，住户多且较为分散，并且都在一个工业园区。配电网终端设备数量庞大，通常使用闭环设计、开环运行，呈辐射状结构，且点多面广，集中和分散的程度不一，大部分地区仍然使用着智能化水平不高的电能表和采集终端，信息网络资源存在严重不足，大量业务应用只能依赖于无线公网进行通信[①]。配电通信网要求能够运行在各种恶劣环境下，不受天气、停电检修等影响；具有灵活的业务接口和安装方式；

①张丽强．基于智能电表数据的供电网络拓扑识别方法研究[D]．济南：山东大学，2020：15-17.

可扩展性强、具有较好维护性。但传统组网技术存在时延不确定、数据传输速率较低、无法应对突发性流量增大,网络上的设备无法统一管理等问题,基于笔者分析的PTN在解决这些问题上的优势,本工程引入PTN设备在电力通信系统进行组网。

PTN支持的最大速率网络侧接口只有10GE接口,其优势在小颗粒业务的灵活接入、汇聚收敛和统计复用上,因此,工程上一般将PTN定位于汇聚层/接入层。根据网络建设规模以及带宽容量的规划,在配用电网络中将PTN定位在汇聚层。

2.PTN设备配置

PTN设备电源、交换引擎模块、管理/控制模块、风扇模块等重要部件为冗余配置,机箱高度为5U,需要配灰尘过滤网,并可不关机更换,同套设备的设备板卡需采用两块及以上单板配置网络,设备光接口模块统一采用XFP/SFP的单模光接口,按网络拓扑中的实际距离和速率等级配置相应光接口,变电站、分局、县公司等汇聚节点的PTN单向交换容量≥80 G,并且每台PTN设备配置16个E1电口、2个GE光口。

(二)配电通信网的校时方案

1.相切环

由于传统的配电通信网采用的是直连环,容易形成时间孤岛,对时钟直接透传,导致网络恢复性差,不可控。为了解决这一问题,需要将配电通信网接入层与PTN设备相切组成配电子站,PTN设备作为主时钟,将校时报文传递到两边的BC交换机,可以有效避免时间孤岛的产生。

当接入层是相切环结构时,与PTN设备直连的两个交换机可以作为节点交换机,节点交换机设置成BC模式,左节点交换机优先级高于右节点交换机。上级传下来的时钟处于正常状态时,优先级较高的左节点交换机接收校时信息,并作为主时钟向其余TC设备发送时钟报文,TC设备直接透传到与之相连的OC节点设备,整个过程右节点交换机作为从时钟。如果节点交换机接收不到上级时钟,左节点交换机作为主时钟,右节点交换机作为从时钟,主时钟向所有的TC设备和OC设备发送时钟报文,使接入层的时间精度保持相对统一,维持配网业务的正常运行。

当其中一个BC节点发生故障或者线路故障时。另一个节点交换机就会作为独立的主时钟完成整个接入环的校时工作,保持时间同步,在接入层对时钟校时备份,避免单个节点故障影响整个网络正常运行。

2.时钟源备份

采用PTN网络承载电力通信业务时,为保证PTN网络对时间信息的可靠传输,必须对输入时间源和传输链路实行可靠保护设计。如果整个系统只靠接受上级网传时钟对时,上层网络一旦发生故障将会影响整网的运行,可以添加备份时钟,输入时间源可采用GPS作为上级网传精确时钟的备份,为变电站内需授时的设备(如测控装置、保护装置等)提供时间基准,设置上级网传精确时钟优先级高于GPS校时装置,当配电主站接收不到上级网传精确时钟时,调用BMC算法,启动GPS装置作为主时钟,提高网络可靠性,节省时钟源投资成本。

3.校时方案

汇聚层中配电主站的PTN设备时钟节点类型设置为BC模式;汇聚层上其他PTN设备时钟节点设置为TC模式,除了更新本地时钟还可以对上级时钟直接透传。

相切环上有两个节点交换机与上级配电子站的PTN设备相连,时钟节点类型设置为BC模式。

接入环上其他所有交换机都设置为TC模式,把所有与这些交换机相连的配电终端装置都设置成OC。

网络正常状态下,上级时钟具有最高优先级,配电主站的PTN设备接收上级传下来的时钟,低优先级的备份时钟源GPS装置通过BMC算法保持备用状态。如果网络故障,配电主站的PTN设备无法收到高优先级的上级时钟校时信息,就调用BMC算法,启动GPS装置作为网络的主时钟,当校时信息传送到接入网的节点交换机时,BC模式的节点交换机按照校时方式将校时信息发送给相邻的TC节点设备,TC设备除了更新自身时钟外,还要将时钟报文透传到下一个TC设备和所有的配电终端OC节点上,完成配电通信网上所有设备的校时工作。

(三)PTN对配电通信网的保护倒换方案

PTN在电力通信网络中的保护倒换可以配置成端到端的保护也可以配置成环网保护,端到端保护的优势是减少电力系统业务调度层次,配置简单,扩容灵活,缺点是不能防止多点失效;环网保护可以满足多点故障的保护要求,但配置和实现都相对复杂。

考虑到电力通信网络中，业务均为点到点的汇聚型结构，所以优先采用端到端的线性保护机制LSP1:1保护方式，通过特有的LSP和PW机制，分别创建主用通道和备用通道，当主用通道故障时，业务自动切换至保护通道接收业务，实现业务的倒换，保证业务的可靠传输，本次测试采用LSP 1:1的线性复用段保护倒换方式，在未发生主备倒换前使用主用链路传输，当主用链路发生故障后自动切换到备用链路。

1:1保护正常情况下不向备用通道并发业务，备用通道可以走额外业务，主用路径故障发生倒换后，额外业务中断，这种方式将带宽拓展一倍，节约组网成本，减少电力系统业务调度层次，得到网络扁平化效果，减少穿通节点，提高路由管理效率。

未来PTN网络承载的电力数据业务占比会越来越大，部分数据业务对于保护的要求会比较低，同时考虑到PTN本身的统计复用特性，可以充分利用这一半用于保护的带宽承载对保护等级要求较低的业务，使带宽利用率最大化。

在实际组网测试中，PTN设备组网的保护倒换时间在50 ms以内，并且通过LSP1:1保护，在带宽利用上更胜一筹。

二、PTN网络同步测试分析

（一）PTP报文分析

IEEE 1588v2协议规定PTP报文有两种承载方式：IEEE 802.3/Ethernet和UDP/IP。

1.IEEE 802.3/Ethernet协议

在这种协议下，IEEE 1588报文在以太网帧类型字段后直接打包，以太网帧类型字段的值为0x88F7，它用来判断该报文是不是IEEE 1588报文。

2.UDP/IP协议

在UDP/IP协议下，IEEE 1588报文的第一个字节应该紧跟在UDP报文头部的第一个字节处直接添加。同时，以太网帧类型字段的值为0x0800，IPV4头类型字段的值为0x11表明上层是UDP数据。

笔者的校时方案支持以上两种IEEE 1588报文承载方式，根据相应域的值可以识别收到或者发送的报文是否为IEEE 1588报文。

（二）时间精度测试

配电通信网中存在大量实时业务，对时间精度要求很高，PTN设备最大的优势就是能够通过在网络出口侧提供业务的码流定时信息，本工程项目PTN设备采用IEEE 1588时钟方式通过GE信号码流透传获得时钟同步信号。

测试PTN设备的时间功能，需要使用N2X时间分析仪，为了方便使用N2X仪表测量时间，做如下配置。

将N2设备作为外时间接口输入，使网络在外同步和线路同步都具有自动倒换的能力。

N1设备通过输出外时间到N2设备，N2设备连接到N2X仪表仿真从端口，通过N2X配置PTP参数。

给所有物理以太网端口创建PTP端口，IEEE 1588v2报文协议遵循UDP/IP协议，端口状态设置为Auto，其他参数默认。

设置N2X仪表的Master Port主时钟端口发送时钟优先级高于其他被测设备的时钟优先级，PTP时间传送路径为P1—P2—P3—N1—N2。

测量末端传输网元终端设备OC节点的时间输出精度，测试过程中，依据IEEE 1588v2协议，采取每秒钟收发2个报文的方式，即每秒进行两次σ_y计算调节。

测试结果分析：N2X的Master Port每发1个Sync报文都会有1个单独的sequenceID，并按递增顺序排列，中间若出现非连续序号时会有红色标识提醒（仅是提醒，并不代表有错误）；当Slave向Master发送Delay_Req请求后，Master会回复相应的Delay_Resp报文，这2个交互报文的sequenceID是相同的。

从时钟报文发送开始，大约经过20 s的时间，迭代算法后的σy参数能够使得主时钟与从时钟的误差迅速收敛到一个比较小的值$\sigma_y(1\ s)=1.4636e-007<1\ \mu s$。

1 μs已经能够达到工业上IEEE 1588v2同步精度的应用级别了，并且没有产生较大的波动情况，随着迭代次数的增加，时钟同步的误差将进一步缩小。

三、PTN业务承载测试分析

PTN采用端到端伪线仿真(PWE3)技术对电力通信业务进行承载,将电力通信业务转化为数据包来传送,由于经过了电路业务到数据包的处理,在PTN网络中会产生时延。业务的时延对配网的正常运行至关重要,尤其是对电力通信的生产实时控制类业务而言,直接关系到电网的安全,所以对电力通信业务的传送时延要求非常严格,要求通信通道时延不大于100 ms。

(一)QoS测试

在测试业务时延前,需要对QoS进行配置,在保证各优先级的承诺信息速率(committed information rate,CIR)前提下对空闲带宽按照优先级和EIR进行合理分配,以保证最大化业务带宽利用率,使网络在故障情况下依然可以充分保护承诺信息速率的CIR业务。

采用PORT+VLAN的流分类规则,将IP化业务DSCP映射到TC字段,所有配电业务设置成优先级为1~7的数据包:1→CS7;2→AF3;3→CS2;4→BE;5→AF2;6→AF4;7→EF。数据包采用CEP/802.1Q封装,加入DiffServ域。

对时延敏感的语音业务,其传送方式选择端到端伪线仿真技术PW3。

变电站的继电保护装置和故障录波数据等业务信息带宽需求量大,为保证时延需要分配足够带宽,所以必须设置成较高优先级。

时延和抖动都是中等的安全自动数据业务或故障测距等信息,为了提供必要服务可以将优先级设为中等,合理分配带宽,符合BE特征,优先级设为4,包括VoIP、合法侦听、视频会议等。

对于某些一般性的没有特殊需求的信令管理控制业务,可以设置成适当带宽和较低优先级,优先级设为1,对应于CS7(111000)或CS6(110000)。

不同优先级数据在WRED调度策略下的丢包率基本是按所设置的权重比例分配,所以接收到的7种业务带宽等于设置的PIR带宽,避免了以太网中SP调度策略产生的低优先级队列“饥饿”现象。

设置左边7个端口向右边1个端口发送流量,且7个端口发送流量之和大于1个端口的接收能力,造成拥塞状态。终端接收到优先级为1~7

的业务，以太网背景流业务优先级最低，对7种优先级业务无影响，优先级越高，报文调度队列越靠前，产生的抖动越小。

在QoS测试中，所有优先级的业务都成功发送，优先级较高的业务流2～7，根据PTN的QoS规则，报文优先调度，帧丢失率都为0，环路往返时延都明显小于优先级为1的业务，而优先级最低的业务流1，帧丢失率大约45%左右，说明有报文被丢弃。所以，本节中PTN设备组网的QoS拥塞控制机制对电力通信业务是有效的。

（二）业务传送时延测试

1.测试内容

原始场景在其他参数不变的情况下改变数据包大小：

数据包大小固定，其他参数不变，改变数据包的发送间隔。

数据包大小、包的发送间隔固定，改变链路背景利用率。

2.测试方法

参照时延测试配置图，调节以太网背景流量大小（两条50%的以太网业务背景流可调），设置以太网业务报文优先级低于E1业务的优先级，然后改变E1（即2 Mb/s）包长为64 B和1 518 B间隔序列直到E1持续1 min无误码，调节PDV（分组时延偏差）大小。

3.测试结果

调节包长从64 B到1 518 B间隔序列，分别记录各种包长状态下SDH/PDH分析仪上的时延。

通过数据可以看出：①包长越长，封包时延越大，最大时延为1 069 μs，满足配电业务的ms级时延要求；通过100%以太网业务流和无业务流的对比可以看出，以太网业务背景流对业务传送时延影响不大，差距在10 μs以内，可以忽略不计。②包长不变，PDV每增加125 μs，业务时延增大范围相应在125 μs左右，同理，PDV不变，随着包长的增加，业务传送时延也会增大。

（三）主/从时钟切换时延测试

配电主站的PTN设备以顺时针方向工作在主时钟，变电站内的继电保护设备以逆时针方向工作在从时钟，进行主从时钟切换后，继电保护设备工作在主时钟，PTN设备工作在从时钟。

主/从切换时间平均值在3 ms左右，网络处理时延平均值在34 ms左右；

主时钟切换到从时钟的主/从时钟切换时延略高于从时钟切换到主时钟，但网络处理时延正好相反，相差时间在3 ms左右；

主/从切换时间和网络处理时延之和最大值为41 ms左右，满足50 ms的时钟切换要求。

第六章 电力通信网络管理信息系统的设计与应用

第一节 电力通信网络管理信息系统相关技术分析

本章将针对电力通信网络管理信息系统在设计建模、系统开发过程中所涉及的相关技术进行详细的介绍与分析,将关键技术与系统的设计与开发紧密结合,采用软件工程标准的设计与开发模式,同时参照相关国际与国内公认的硬件网络体系建设规范,有利于缩短电力通信网络管理信息系统的设计与开发周期,提高开发效率,同时将对系统性能起到一定的提升作用,为本章的系统设计与开发奠定科学性的理论指导基础。

一、电力通信网络管理信息系统集中管理技术

本节中采用H3CWA21110-AG作为无线接入点FitAP,无线控制器采用H3CWX5002-128配合组网,大部分管理报文和数据报文都需要经过无线控制器的统一处理。在无线控制器端,通过CAPWAP协议控制网络中所有的FitAP,所有设备的状态都一目了然。较之传统的FatAP,无线控制器加FitAP的应用模式极大地方便了系统管理员管理整个网络。其涉及的相关技术需求如下。

(一)通信技术

IP化:IP化的网络有着传统电路交换网所不具备的优势,例如没有复杂的时分复用结构,有业务量才占用网络资源。宽带化:最近几年,高清晰度电视(HDTV)、在线存储和备份等新业务层出不穷。移动化:通信技术的移动化趋势主要体现在接入层面,用户越来越多地通过移动接入技术接入网络和业务,行业发展的重心逐渐从固定网向移动网转移,移动网的用户数、业务量和业务收入都远远超过固网并保持快速增长势头。

（二）支持版本自动升级技术

H3C WA2110-AG可以和网络内的无线控制器自动取得关联，并下载最新的软件版本到AP设备。所有的这些操作都是自动完成的，不需要人工干预，减少了网络维护的工作量。这个特性对于大型网络尤其重要。

（三）支持丰富的认证方式

H3C WA2110-AG配合H3C自主研发的无线控制器系列产品，可实现802.1x认证、PSK认证、MAC、Portal、WAPI等多种认证方式。

（四）支持硬件加解密

H3C WA2110-AG采用了业界先进的无线芯片，支持WEP/TKIP/AES等硬件加解密算法，使安全处理不成为系统应用的瓶颈。

（五）支持密钥动态协商和更新

H3C WA2110-AG在采用TKIP或AES加密算法时，相应的密钥均是由动态协商而来，且可以在使用一定的时长或加密数据帧后，进行动态更新。这使得非法无线用户的窃听企图难以得逞。

（六）支持中国标准WAPI（无线局域网鉴别和保密基础结构）

H3C WA2110-AG除了支持802.11i和WPA等国际标准外，配合无线控制器还支持中国无线局域网国家标准GB15629.11—2003中提出的、安全等级更高的WAPI。

二、电力通信网络管理信息系统数据库技术

本章对电力通信管理系统的数据传输与交互采用SQL Server 2005数据库管理技术。该版本继承了SQL Server 7.0和SQL Server 2000版本的优点同时又比它们增加了许多更先进的功能，具有使用方便，可伸缩性好与相关软件集成程度高等优点。

SQL Server 2005其主要特点如下：①Internet集成。②可伸缩性和可用性。③企业级数据库功能。④易于安装、部署和使用。

SQL Server 2005数据库在SQL Server 2000的基础上上升了一个档次，尤其是在数据分区、可编程性、语言增强以及安全上都有长足的进步；但也保留了SQL Server 2000原来具有的优点。从借助浏览器实现的数据库查询功能到内容丰富的扩展标记语言（XML）支持特性均可有力地证明：

SQL Server 2005全面支持Web功能的数据库解决方案。与此同时，SQL Server 2005还在可伸缩性与可靠性方面保持着多项基准测试记录，而这两方面特性又都是企业数据库系统在激烈市场竞争中克敌制胜的关键所在。

SQL Server2 005和以前的版本相比更多的优势在于可伸缩性、数据集成、开发工具和强大的分析等方面的革新。它能够把关键的信息及时地传递到组织内员工的手中，从而实现了可伸缩的商业智能①。它可以让工作人员更加方便地、快捷地、容易地处理数据，从而可以更快更好地做出决策。同时SQL Server 2005全面的集成、分析和报表功能使不同的企业能够提高他们已有应用的价值，即便这些应用是在不同的平台上。

高度的人性化使SQL Server 2005也具有优秀的可编程性，如CLR（common language runtime，公共语言运行时）集成。用户可以轻松利用.NET语言的优势如其面向对象的封装、继承和多态特性，编写出那些需要对数据进行复杂数值计算或逻辑的代码，如字符串处理、数据加密算法、XML数据操作等等。所以这样的优势使得使用它的开发人员几乎会立即升级到SQL Server 2005享受数据库编程的便捷。

此外，从数据库适用的范围分析来看，Oracle数据库通常用于大型系统的数据存储，对于电力通信网络管理系统来说明显不太合适，且Oracle操作较为麻烦，维护技术难度较大；对于另外一种常用的Access数据库，其主要用于桌面型的小型简介系统或简单程序的数据存储，电力通信网络管理系统涉及的数据内容较多，Access数据库所提供的数据存储特性难以满足本系统的数据存储要求。

通过对上述SQL Server 2005特性的详细分析，可以看出SQL Server 2005较适合于中型数据库系统的开发，因此本章研究的电力通信网络管理系统采用SQL Server 2005具有较为可行的理论与技术基础。

三、电力通信网络管理信息系统编程技术

（一）ADO简介

本章采用ADO编程技术，下面对其做具体论述。传统的ADO，如建立与数据源的连接在两个ADO版本之间改变很小。其他一些功能则变化很大，譬如表示一个非连接的行集（rowset），将行集保存为XML，将行集转化

①谢宇. 管理信息系统的设计与实现[J]. 计算机与网络，2015，41(22)：52-53.

为一个层次行集(hierarchical rowset)。促成这些重大改变的一个原因是在ADO后期引入XML和数据整形(data-shaping)特性,而在ADO.NET里,这些特性在当初设计时就将这些特性内建在其中了。

与更早的数据访问工具如DAO和RDO相比,传统的ADO是很轻量级的,而使ADO能在*n*层应用中和6.0一起得以流行的原因之一是其简单性、易于导航的对象模式。ADO的Connection、Command对象以相对比较直白的方式转变为ADO.NET的Connection、Command对象,但是ADO的Recordset对象的特性转换到ADO.NET中后变成了几个不同的对象和方法。

(二)VC中进行ADO编程

在VC中使用ADO,其具体步骤如下:①导入库文件;②初始化OLE/COM库环境;③ADO接口。

四、基于B/S技术架构的系统方案

B/S架构,即Browser/Server(浏览器/服务器)结构,就是只安装维护一个服务器(Server),而客户端采用浏览器(Browser)运行软件。它是随着Internet技术兴起的,它是对C/S架构的一种变化及改进的结构。采用B/S架构,用户界面只需要通过浏览器便可实现,而不需要单独开发客户端程序及界面,只有极少部分事务逻辑在前端(Browser)实现,其主要事务逻辑放在服务器端(Server)实现。目前,建立B/S结构的网络应用,并通过Internet进行数据库应用,相对易于把握,成本也是较为低廉,能实现不同的人员,从不同的地点,以不同的接入方式(比如LAN,WAN,Internet等)访问和操作共同的数据库。

综上所述,本系统的设计与开发在技术上均是采用基于Web展现模式的开发软件作为开发工具,且编程过程都为可视化编程,操作较为灵活,而且可以通过软件自动生成相当一部分代码。后台数据库采用SQL Server 2005数据库来进行电力通信系统进行数据的管理,对于电力部门的网络通信管理系统来说,数据量并非非常大,因此SQL Server 2005数据库是可以满足数据的各种处理要求的。本系统选用B/S软件体系结构,是因为B/S软件体系结构主要靠应用层的http协议进行通信,一般不需要像C/S软件体系结构需要特定的客户端,而仅需要浏览器就足够,这样就更利于软件的使用,同时需要基于Internet的远程交互与通信管理系统也决定了

必然选择B/S架构才能满足与外部互联网信息电力通信数据交互的需求，而且采用这种模式对于系统的快速推广应用也是较为有利的。

第二节　电力通信网络管理信息系统的需求分析与系统规划

电力通信管理系统主要功能是把各变电所的管辖范围各条线上的网工区、变电所的日常工作信息通过本系统快速实时地上报至变电所，各供电所将总局所需数据实时汇总上报至局调度中心。

一、电力通信网络管理信息系统的几种需求

（一）系统功能的需求

由于大多数电力通信网络管理信息系统的业务数据不是独立存储，面向电力通信网络管理运维人员易被篡改，这将为出现事件后的定位和追溯带来困难。加之电力网络数据分散在各系统中，不能统一管理，为安全管理和事件分析均带来很大不方便。因此，所构建的电力通信网络管理信息系统需要集电力通信网络主机、电力通信网络、电力通信网络管理数据库管理、电力通信网络管理服务器于一体的网络管理[①]。

本章所研究的电力通信网络管理信息系统建设需求主要有以下几点。

全面的电力通信网络日志采集需求：根据计算机系统各资源主机、网络设备、应用系统的类型和网络分布，可采取本地型日志采集方式和网络型日志采集方式，对电力通信全网的设备、应用以及网络操作进行全面的日志采集。

电力通信网络管理审计记录需求：由于许多电力通信网络中设备种类繁多，每种设备由于业务不同，日志上报的格式和内容项都有所不同。因此电力通信网络管理系统必须对采集到的各种电力通信设备日志格式进行统一，同时尽可能保留审计记录来源信息，为后续的审计分析提供依据。

基于电力通信策略的日志过滤、归并：系统业务网络中，各个设备运行

①杜超．大数据在电力通信网络中的应用[J]．光源与照明，2021(10):37-39.

繁忙,日志信息量非常大,日志集中管理与审计系统可根据相关策略对原始日志进行过滤和归并,以减轻电力通信日志数据在网络中的传输压力和数据中心的存储压力。

本地型电力通信日志审计与网络型日志审计相结合的审计体系。本地型日志记录本地操作,通过多种采集机制汇总到日志集中管理与审计系统;网络型日志则通过网络旁路抓包的方式获取网络操作,两者结合可构成综合的审计体系。

多维关联分析需求:对于来自各个电力通信资源的日志信息,提供多维的关联分析功能,站在用户角度,将一个用户在多个设备上的操作进行横向关联分析,形成针对用户为主题的操作行为审计;站在事件角度,对于发生在多个设备上的事件进行关联分析,形成一个完整的事件流操作过程审计:站在设备角度,对于多个用户对本设备的操作,形成本设备被访问的安全审计报告等。

电力通信数据存储需求:由于数据信息是来自电力通信网络生产线的第一手原始数据,因此要求对数据的存储提供加密方式的存储机制,同时,对于存储的数据要根据权限进行修改和删除。

故障管理需求:该模块主要是提供对电力通信网络环境异常的检测并记录,通过异常数据判别网络中故障的位置、性质及确定其对网络的影响,并进一步采取相应的措施。

除此之外,电力通信管理系统功能包括很多方面,不仅包括系统正常运行的监控、记录,还包括系统缺陷的记忆和故障的记录,具体包括以下主要功能:①设备档案记录与管理。②设备缺陷记录与管理。③设备检修记录与管理。④运行情况记录与分析。⑤实时信息查询。⑥用户反馈功能。⑦临时任务记录与下达。⑧技术信息公开。

(二)系统性能的需求

需求包括:①交换网络和计算机网络设备的建设过程中都没有考虑管理系统。②对网络运行成本进行必要的降低。③系统中零散设备的管理与维护。④对通信系统中原有的监控设备进行替代。⑤在原有的监控系统基础上,提高整体系统的管理能力。⑥满足不同工作部门和客户的各种要求。⑦具有一定的开放性和兼容性,以便未来对系统进行升级。

（三）系统安全的需求

为确保系统信息的绝对安全，必须通过有效的方法、途径对存在于电力信息系统外部和内部的威胁以及系统现存的问题进行详细的分析，针对不同类型的威胁与问题可以采取不同的方法来解决，这样，就可以有目的和有范围地设计电力信息管理系统的安全框架和系统安全的近似模型，以确保系统信息的绝对安全。

系统信息的机密性：在电力通信网络管理系统中，系统的信息通过数字的方式来体现，而且，这些信息会因为数字不同而引起关系的变化，因此可以通过不同的方式，以数据的形式提取信息。

系统信息的完整性：这一点对电力企业来说非常重要。在这些企业中应用系统数据，都会有依赖于数据完整性的安全需求。和信息的机密性一样，完整性同样应考虑信息所在的形式和形态，以及可能存在的传播方式。

系统信息的可控性：电力通信网络信息的内容和传播形式必须在授权机构可控制的能力范围内，不仅可以控制授权访问的信息流向，还可以决定系统信息传播的方式。

系统信息的可审性：如果电力通信网络系统没有针对可审性的需求，系统的其他方面，如机密性需求和完整性需求，也会随之失效。

以上这四个方面概括了系统信息安全的最基本的要求，它们分别对系统安全的不同方面做出了要求，相互独立，而综合起来，它们就构成了整个系统安全的具体要求。在这四个方面中，就可审性特点来说，不应该构成系统信息自身的安全需求，但是其是系统信息的责任需求。这一特性在电力信息系统安全要求中极为重要，可见可审性在系统信息安全中的地位。

二、系统架构规划说明

（一）系统架构方案

电力调度数据网络采用分层化设计结构，可划分为中心层、汇聚层和接入层。从功能上说，中心层主要负责整个网络的数据交换，汇聚层主要负责整个网络的数据汇聚，接入层则主要负责各应用系统的接入功能。

根据网络构架的不同，分别使用不同型号的路由器和交换机。

路由器是一种用于网络互连的计算机设备，它工作在OSI参考模型的第三层（网络层），为不同的网络之间的报文寻径并实现存储转发功能，通常会提供多种网络协议以支持异种网络互连，另外，还支持一些动态路由协议以实现动态路由寻径等功能。

交换机也称交换式集线器，它具备许多接口，提供多个网络节点互联。但它的性能却较共享集线器大为提高：相当于拥有多条总线，使各端口设备能独立地做数据传递而不受其他设备影响，面向各用户即各端口有独立、固定的带宽。此外，交换机还具备集线器所欠缺的功能，如包过滤、网络分段、广播控制等。

（二）服务器应用与管理

使用该服务器为核心的系统，用户只会在切换的过程中发现有短暂的通信中断，经过一个短暂的时间，就可以恢复通信。主要分为以下几种情况：①系统出现故障切换至备用服务器；②当操作系统正常的情况下，数据库系统出现意外故障，切换至备用服务器；③当操作系统和数据库系统全都正常的情况下，服务器网络出现故障，这时双机热备软件可以将系统切到正常的备用服务器上。

（三）交换器管理

根据调度交换器的运行维护工作的目的和承担的责任不同，其可以分为交换机的日常维护以及故障处理两个部分。其中，监控系统设备的运行状态情况、系统的稳定程度以及系统中各个用于检测的设备的参数标准以确保系统设备的正常安全的运行是系统交换器日常维护的主要工作；而系统中，操作者处理网络故障的主要任务则是对系统设备故障进行有效的分析、确切的定位和无误的排除。

1.系统交换器日常维护工作重点

在系统调度交换器的日常维护工作中，最主要是针对系统的日常的预防性维护工作。而系统交换器平常的维护工作是通过网络的监控、设备参数的测量以及各个站点的随机排查等办法来收集系统所需要的、交换器的各种状态的信息数据；系统会随之详细地分析和比较这些数据。在分析和相互比较的基础上，系统会针对这些数据提出适当的、能够解决系统故障隐患的具体办法以及具体实施措施，系统从而做到了防患于未然，很好地维护了系统的安全稳定运行。系统交换器的日常维护工作不但要求负责维护的工作人员在平常工作的过程中能够及时发现系统设备潜在的故障隐患,而且,最好能及时找出系统中可能诱发故障的具体因素,从而做到消除设备存在的隐患。

除此以外,日常维护工作还包括能够确保系统在良好的条件下工作。系统中,关于交换器的平时的日常维护工作管理中,能够使交换器在良好的工作条件下运行是确保网络中的调度交换稳定进行的前提。交换器外部工作条件包括很多方面,比如各个地球站的机房的湿度或者温度应能很好地符合系统交换器运行的相关标准。应该保证的有,系统交换器附近应该配备稳定的供电系统,并且,系统交换器在灯光、火灾、雷电、静电、电磁干扰等其他外部威胁方面的安全措施都要有尽量充分的考虑。另外,平时的清洁保养对保证交换器的可靠工作也是很重要的,机房内污染情况的检查对设备的运行来说十分重要,对于机房的工作环境、科学的清污措施和良好的保持习惯和规则都要保证,当然,系统设备部件的清洁保管也是必需的。

2.系统故障的分析方法

系统设备的不同的告警状态和系统设备的指示灯的工作状态一般是系统设备维护人员判断故障的基本出发点。为此,能够很容易地识别设备故障指示灯的具体含义非常关键。而在系统的日常维护中,系统工作人员应该能够时刻注意这些设备告警状态灯的工作情况(如判断是红灯亮、绿灯闪亮还是绿灯常亮等情况)。工作人员可以根据系统设备的重要性和必要性,执行部门的非本专业人员应该适当进行这方面的训练和检查,这样,至少可以做到在无人看守的通信站中巡检时能及时判断系统设备是否产生告警,如果发现问题,则其可以及时通知网络通知调值班人员来处理。

一旦产生故障或异常,系统网络会发出相应的警告信息,而操作人员在对系统故障分析和采取处理措施时,以下几点应该注意:处理的时候,应该避免影响系统的全局通话,如果能在话务空闲时处理就应该在空闲时处理;而且,操作人员应该从设备的单板指示灯和维护工作台观察和分析单板的工作状态,而不能盲目地更换单板,这样做,可以防止系统故障的进一步扩散;而操作人员在插拔单板时,务必佩戴防静电的腕套,并将接地端可靠地接地,防止出现人身危险。

三、系统性能需求分析

系统的性能需求是指除电力通信网络管理系统的业务功能需求之外的其他性能指标需求,为了保障全网的高速转发,组网设计的无瓶颈性,要求响应快捷,在特别大负荷情况下具有较高的吞吐能力和效率,延迟低。设计中必须保障网络及设备的高吞吐能力,保证各种信息(数据、语音、图像)的高质量传输,力争实现透明网络,网络不能成为网络实施电力通信网络管理系统相关业务的瓶颈。

电力网络覆盖率:通过信息网络覆盖95%及以上的业务系统终端,具备网络条件的地区,应该通过拨号方式实现100%的联网。

电力网络日平均负荷率:以工作日工作时段计,网络日平均负荷率局域网不高于20%,广域网不高于50%。

电力网络设备年可用性:运行的路由器、交换机、网络服务器等主要网络设备的年可用率大于99.9%。

电力网络可靠性:主干网络发生任一单点故障时,导致业务中断时间不高于1 min。

电力网络年故障时间:主干网络年故障累积时间应小于10 h(相同时间内发生的不予重复计算)。

(一)可支持性需求

本系统为B/S结构型的应用程序,只需在服务器端进行部署,客户端通过浏览器就可以访问。因此,当程序有更改时只需要对服务器端更新即可,用户自动访问到最新版本的应用程序。

(二)健壮性需求

系统要求缺陷率最大为每千行代码缺陷数3个,对于分级缺陷率,要求每千行代码无致命性错误,一般错误控制在2个以内,微小错误最多3个。

(三)可靠性需求

扣除维护时间,系统正常提供服务时间的百分比应为95%以上。平均故障间隔时间(MTBF)控制在6个月以内,支持7×24 h的服务。对于平均修复时间(MTTR),系统发生故障后用于修复的平均暂停运转时间为2 h。

（四）完整性需求

系统应要求各种通信网络的数据信息记录保持完整性，关键的数据信息记录内容不能为空，各种数据间相互联系应保持正确性，且相同的数据在不同记录中要一致。

（五）易用性需求

一般用户按照系统提示便可完成日常操作，界面设计合理，使用方便。使用者掌握该系统所需的培训时间不超过一周；界面设计应为友好、简洁、易用的可视化操作界面；且有相应的操作提示与帮助。

四、系统权限管理需求分析

系统应设置访问用户的标识以鉴别是不是合法用户，并要求合法用户设置其密码，保证用户身份不被盗用。同时，系统应对不同的数据设置不同的访问级别，限制访问用户可查询和处理数据的类别和内容，分别为每类角色设置具有访问不同资源的权限。

伴随着计算机网络的迅速普及与互联网的飞速发展，全球的网络规模呈现急剧膨胀的趋势，导致了黑客主动恶意攻击、各类病毒层出不穷，木马到处肆虐及泛滥的问题已屡见不鲜，网络安全问题已日益突出。为保证电力通信网络管理信息系统的网络安全，构建一个安全、高效的网络环境，系统需要足够的权限控制机制来保障系统的安全性需求。

系统要求提供严格的权限管理方式，对于所有用户的使用权限必须严格控制，以保障本系统中数据的安全性与完整性。

系统中的权限需要定义到每一个子功能下，权限的配置可以针对组织机构、角色或者权限组来进行。

系统可以设置每个用户在每个模块中的权限，包括：①组织机构维护。管理员可以维护单位的组织机构，例如单位和部门的添加、删除、更改等。②角色定义。根据使用的要求将电力通信网络管理信息系统用户划分为不同的角色。③操作权限设置。电力通信网络管理信息系统通过对用户赋予不同的角色来控制其权限。管理员可以维护每个用户在每个模块中的权限。④功能权限设置。系统要最大限度地避免误操作的发生。将功能菜单与用户的权限相联系，即系统功能菜单只有对具有权限的用户才是可见的。

第三节 电力通信网络管理信息系统总体设计

一、系统设计目标

电力公司局域网建设项目的建设目标是利用先进的计算机技术建设一个现代化的信息网络系统，以满足电力公司网络通信的需要，该系统将实现以下目标[①]。本次网络与安全改造建设主要是对电力公司外网主体结构进行建设与改造，规划及确定安全区域，通过有线、无线网络及安全设备等各个方面、各个层次构成一个完整的立体的网络安全防护体系，充分保证用户网络、各种关键应用的安全性。同时，提高网络高可靠性和简单管理，以满足电力公司发展对网络提出的新需求，确保电力公司工作有序开展，使建成的结构合理、安全可靠、信息高度共享，形成职责分明、管理规范、标准统一的信息化建设和管理维护体系。

二、系统总体框架设计

笔者所研究的电力通信网综合网管系统在总体框架上，设计为四部分，分别包含综合监视子系统、资源管理子系统、机房环境监控子系统、流程管理子系统等四大部分，各个子系统相互独立，又通过开放接口有机结合在一起。

（一）综合监视子系统

通过从厂家网管系统或网元设备动态获取告警、性能、配置等信息完成对多专业通信网络的集中监视功能，包括拓扑管理、故障管理、配置管理、性能管理、网络综合分析、业务监控等。

（二）资源管理子系统

涵盖对管道、杆路、光缆、传输、交换、数据、IP、动力等各类通信网络资源的维护、调度和分析功能，资源管理系统能综合自动采集和人工录入等方式获取的资源信息，实现资源的动态管理及动静态关联。资源管理子系统的动态数据可自动从综合监视子系统中获取，当独立建设资源管理子系

①杨婷. 电力公司视频监控系统的设计与实现[D]. 成都：电子科技大学，2021：14-17.

统时，动态数据也可从厂家网管系统或网元中获取；综合监视子系统依靠资源管理子系统提供静态资源信息以实现告警的快速定位以及性能、配置信息的图形化展现。

（三）机房环境监控子系统

可利用分布在机房的传感器、采集器和数据通道实现对电力公司机房和变电所的温度、湿度、门禁、烟雾、电源电压、电源电流、机房视频的集中监控，核心采集器设备支持多路遥测、遥控、遥信、遥视，机房环境监控子系统的远程监控软件系统可和综合监视子系统集成在同一个管理界面上。

（四）流程管理子系统

该子系统相对独立，涵盖TMIS系统的各项功能，包括值班管理、工单管理、反事故演习、报表管理等。综合监视、资源管理、机房环境监控子系统可自动派发工单信息到流程管理子系统中，再在流程管理子系统中完成工单的流转和处理工作。

电力通信网综合网管系统可以支持在国网公司、网（省）调、地调等各级通信管理部门应用，并支持多级系统之间的互联，每级系统支持与光缆监测系统、统计分析系统、办公MIS等横向系统的互联与集成。

三、系统软件体系架构设计

目前软件工程领域在进行系统开发时，对于系统的体系架构，一般采用三层体系架构或单层体系架构。单层体系架构具有开发速度较快的优势，一般用于微型系统或涉及功能较少的小型系统，对于大中型系统，单层结构将会让系统维护变得异常困难。故本章所研究的电力通信网络管理系统将采用三层体系架构，网络管理功能组自下而上为采集层、应用层和表示层；系统支撑管理功能实现安全管理、系统管理等对三层应用功能模块的支撑功能；外部接口实现与其他系统互联的功能。

（一）通信网络管理系统分层详细设计

1.采集层

通过CORBA、Q3、SNMP、TCP、DB、RS232等各类网络管理接口协议，可从各类设备的EMS、SNMS、网元等多种渠道获取配置、性能和告警信息。电力通信网络管理信息系统的数据采集是指对电力通信网络的环境信息、软、硬件信息及操作、使用行为进行数据采集。日志采集主要涉及以下几方面内容:①基本数据信息采集:采集计算机操作系统的基础配置数据,其中包括采集电力通信网络在通信过程中所涉及的主机名、域名、网络名、操作系统、MAC地址、CPU型号、IE版本等数据。②软件数据信息采集:主要是采集电力通信网络信息系统已经安装的软件相关信息。③日志数据信息采集:主要对电力通信网络信息系统生成的应用程序错误记录、安全审核记录、系统错误记录等日志信息进行采集。④磁盘文件操作数据采集:主要对电力通信网络信息系统的用户对文件的增、删、改、重命名进行采集,同时对计算机IP地址、操作时间、文件操作类型、文件路径、文件名等数据信息进行提取。⑤电力通信网络行为数据采集:主要对用户的上网行为进行数据采集,采集的基本信息包括:计算机名(IP地址)、用户名、上网时间、网址名等信息。⑥非法互联行为数据采集:将电力通信网络信息系统允许以外的互联行为定义为非法连接行为,此操作威胁到涉密文件的安全,因此要产生报警信息,采集的基本信息包括计算机名(IP地址)、用户名、时间等信息。

2.应用层

该层完成网管的核心处理功能,可根据用户的要求客户化该层的功能模块,根据电力通信综合网管的管理特点,应用层分为综合监视子系统、资源管理子系统、机房环境监控子系统、流程管理子系统四部分。

3.表示层

系统在该层提供B/S结构和C/S结构两种用户访问界面,该层模块也可以根据用户的操作习惯进行客户化。该层又称为用户界面层,由各功能Web页面组成,为用户接口部分,担负着用户与系统之间的对话功能。该层通过调用业务逻辑层来实现数据信息的动态传送。同时,该层还用于检查用户键盘输入的信息,完成对数据的校验,最后再将数据传递给业务逻辑层。

(二)系统支撑管理设计

综合网管系统是一个分布式软件系统,为保证构成该系统的各管理功能模块能够有机配合、正常运行,需要对系统自身进行有效的管理和支持;包括安全管理、系统管理、测试工具、仿真工具等功能模块。

（三）外部接口设计

综合网管系统不是孤立的系统，其外部接口模块提供与上级网管的北向接口、下级网管系统的南向接口、光缆监测系统接口、统计分析系统接口、办公MIS系统接口等；接口协议支持WebService、CORBA、TCP、共享数据库等方式。

第四节 电力通信网络管理信息系统详细设计

一、网络设计

根据电力通信网络总体设计原则，此次外网建设主要是部署新的有线和无线网络设备，新建一个网络，接入因特网，并部署上网行为管理以及防病毒系统等安全防护系统，同时对现有邮件系统进行扩容[①]。

（一）有线网络设计

本节对课题所面向的电力公司计算机局域外网网络设计方案为如下情况。

网络性能符合《IP网络技术要求－网络性能参数与指标》标准的有关规定。支持TCP/IP等通信协议，网络可靠性达到99.99%。

单向延迟：≤150 ms（全网国内端到端，包括传输延迟和设备延迟，个别偏远地区除外）；抖动：≤20 ms；包丢失率：≤1%；可用性：≥99.99%。

局域外网上联带宽采用千兆骨干连接，接入设备10/100/1000 M自适应到桌面。部分重要用户千兆到桌面。局域网针对不同要求的数据、语音及视频等应用，提供集中管理的QoS解决方案。局域外网的IP地址规划和VLAN的设计符合现有局域外网的IP地址整体规划要求。

系统应能够上联到现有局域外网的核心设备，接口速率为千兆；连接服务器和存储设备应采用1 000 M光纤接口；与网管系统连接主要采用基于SNMP协议的接口。

在骨干网的结构设计中，电力公司网络骨干采用双链路、双核心设备

①王伟，郭栋，张礼庆，等．云计算原理与实践[M]．北京：人民邮电出版社，2018：123-125.

的冗余方式组网,防止单点故障,保证了网络结构的高可靠性。本设计方案的设备选型都采用具备高可靠性设计的产品及经过了市场大规模应用检验、成熟稳定的高端产品实现设备级可靠性。

另外,省电力公司局域外网的业务数量众多,网络的承载量很大,因此,必须要解决网络的易管理、易维护问题。设计方案采用的设备均支持标准的网络管理功能,结合本设计方案提供的网络管理系统可以实现高质量的网络管理和维护功能。

由于目前在网络设备和技术方面的选择范围更大,可以支持更多的网络应用,并且能够提升扩充性及可用性。因此基本的设计原则是要在第二层、第三层合理布放交换能力,并且合理地利用新设备和网络技术。新增加的功能特性应主要包括QoS、多层服务、主干带宽的提升、增加千兆端口的密度、更强的交换能力等。

采用多层网络的设计方法,必须依赖于利用网络的高弹性和扩充性。所谓的弹性指的是对故障的容忍度和故障情况下的恢复能力;所谓的扩充性指的是根据实际需要,可以在各个不同层次实现升级和扩充,实现对网络可控、有序地优化。

核心交换机:双机热备份,确保全网核心业务汇聚的可靠性和高性能,关键模块全冗余配置,提供全网数据业务的集中、高速交换;骨干带宽采用GE千兆接入方式,骨干交换机需提供较强的端口、带宽扩展能力,需充分满足未来带宽升级提速多设备的要求。

根据网络现有结构,设计比较适合的路由协议。能够实现优化的网络路径选择,同时具有路径均衡功能,在网络结构发生变化时数据能够通过其他路径迂回,保证网络的畅通。

省电力公司网络采用动态路由协议配合静态路由方式。IP地址的合理规划是网络设计中的重要一环,IP地址空间分配要与网络拓扑层次结构相适应,既要有效地利用地址空间,又要体现出网络的可扩展性和灵活性,同时能满足路由协议的要求,以便于网络中的路由聚类,减少路由器中路由表的长度,减少对路由器CPU、内存的消耗,提高路由算法的效率,加快路由变化的收敛速度,同时还要考虑到网络地址的可管理性。具体分配时要遵循以下原则。

唯一性:一个IP网络中不能有两个主机采用相同的IP地址。

简单性:地址分配应简单易于管理,降低网络扩展的复杂性,简化路由表项。

连续性:连续地址在层次结构网络中易于进行路径叠合,大大缩减路由表,提高路由算法的效率。

可扩展性:地址分配在每一层次上都要留有余量,在网络规模扩展时能保证地址叠合所需的连续性。

灵活性:地址分配应具有灵活性,以满足多种路由策略的优化,充分利用地址空间。

(二)无线网络设计

电力通信网络系统的无线网综合考虑网络的部署、应用、维护三个层面,在硬件、安全、管理方面的先进理念的应用,使得整网具备更高的系统容量、性能及可靠性。兼顾有线无线网络融合应用,解决了现阶段、现有网络系统上搭建无线网络的需求。同时,利用有线无线网络的互通性,对原有有线网络和无线网络进行有效整合,利用已有的有线设备来拓展无线业务,实现无线接入的增值。提供集中式管理架构和统一的网管系统,能够保证设备互通性,轻松配置无线网络,实现高效管理。此外,实现了安全策略的统一集中部署,减少了维护和管理的工作量。

传统无线网络的部署需要网络管理人员对网络中的每一个AP进行逐一配置,当无线网络规模较大时网络管理人员往往要配置上百个AP,配置工作量巨大,且易于出错。而采用H3CWA2110-AG作为FitAP配合无线控制器进行组网时,网络维护人员只需要在无线控制器上对业务属性和物理属性相似的AP建立配置模板,这样AP在启动时可以从无线控制器动态获取配置文件,AP侧可不做任何配置,只需上电即可正常工作,该特性极大方便了用户的使用,也降低了设备的维护成本。另外,由于AP本身不保存任何配置,万一设备丢失,也可以保证网络配置不被窃取,保证了网络的安全。AP支持启动后自动获取IP地址、自动获取无线控制器的工作列表并自动和无线控制器建立关联,真正做到了零配置,免维护,极大地减轻了网络管理人员在部署网络阶段的维护工作量。

二、系统的管理结构设计

(一)网元控制层

管理元控制层的作用在系统管理中的作用至关重要。因此,网元管理层是主干网网络管理系统的“元素”,是基本层。就网元管理层的构成和工作工程来说,其包括信息数据接入系统以及信息数据采集系统两部分。网元管理层所起作用的直接结果将支持上层的网络管理控制层。

(二)网络控制层

网络控制层是网元控制层的上层,其主要功能如下:①对设备之间的联系进行协调和控制;②在整个网络层面开始、终止以及改进网络的功能;③对整个网络的性能、利用效率以及安全性等工作参数进行分析和判断。除了以上三个功能以外,支持上层的服务管理是网络管理层的另一个重要的功能,对系统的工作也至关重要。

(三)系统的服务控制层

系统的服务控制层包括运行者与使用者,服务控制层工作的主要内容包括以下三个方面:①用户系统接口的获取以及相应的服务通道的组织;②记录接口性能情况;③服务的记录与费用的管理。

(四)业务整理层

业务整理层主要负责通信调度管理工作人员所需的一些决策、计划的登记与实施,这些措施都是处理系统的正常运行的一些事项,其主要功能如下:①工作记录;②维护情况记录;③暂停系统功能及维护;④对整个网络的发展进行规划;⑤负责整体系统的管理。

(五)网络故障监控及监管

对系统网络环境的故障监控以及监管对系统的正常运行也非常重要。故障的监控与监管需要多种手段判断其具体的特征,比如其通常通过系统网络异常数据来判断系统网络中发生故障所在的具体点、发生故障的性质、特性并能够准确判断发生的网络故障对系统网络的深层影响,并能够确定为了解决该故障下一步应采取的相应的解决方法和途径。概括起来,系统故障的监控与监管主要功能可以归纳为以下两条。

故障监控与监管的基本功能包括以下四个方面:①系统产生故障的巡

查；②系统产生故障的纠正；③系统产生故障的记忆；④故障的网络告知。

网络故障监控与监管的高级功能包括以下两个方面：①系统产生故障的判断；②系统产生智能的诊断。

（六）系统性能监管

系统性能的监管对网络的安全运行十分重要，是主干网网络管理系统能够正常工作的另一个必要条件。为了保证系统网络中的各个设备的安全可靠的运行，系统主干网网络管理系统会监控和分析整个系统网络及网络中的各种工作设备的运行，是系统正常运行的重要保障。

性能监管子系统的主要功能有以下两个方面。

1.系统性能监管的基本功能

系统的运行监控：监控工作包括收录相关的系统运行数据信息，不断地跟踪和监控网络信息传输途径以及系统交换网的运行状况。

系统性能监管具体来说又可有以下几种功能：①为系统的正常运行制定各种指标，并且根据系统的承受能力设定各自的极限值；②对系统的各种运行数据进行采集和存储；③处理采集来的各种运行数据，包括分析和输出；④根据采集的数据绘制系统所需的各种图表。

2.系统性能监管的高级功能

除了基本的监管功能外，其还具备：①对系统的运行进行分析；②系统信息数据的申请；③系统中各种信息数据的统计以及相应门限值的判断；④系统数据的证实和过滤；⑤系统数据的存储和显示。

（七）系统的配置监控

系统配置监控是主干网网络管理系统实现的另一项重要的高级监控管理功能，此外，资源数据库对于配置监控必不可少。

主干网网络管理系统中的配置监控可以起到的作用，具体如下：①通过不同途径建立和调节系统的资源分配；②对于网络拓扑图形的绘制和显示；③添加或减少网络中的物理设备；④添加或删除网络中的传输链路；⑤对网络环回进行设置和监视。

（八）安全监控

安全监控对主干网网络管理系统有效运行也很重要，是其有效运行的支持和保证。安全监控的具体功能如下：①对用户进行增加或删除；②对用户口令进行核准和改正;③对用户的信息进行查看和改正。

(九)数据的集分

第三代全分布式的数据采集在系统的每个分站使用。机载数据采集器都配备在每一台组通信电源设备上,而且,针对不同的被测系统设备,采用不同的机载数据采集器。由于机载设备一般体积不大,可以在被测设备的内部安装。数据的集分有以下三个特点:①具有双方向的信息传递功能;②具有故障自我诊断的功能;③具有收到、处置以及执行遥控命令功能。

三、网管系统客户应用功能设计

(一)系统的调度的操作界面

实现调度动作的界面,其包括系统运行操作的很多方面,实现调度动作的界面包括:①制作图元的系统工具;②用于绘制图形的工具;③用于图形控制的工具;④用于生成报表的工具;⑤调度运行控制的应用平台。

网络管理的应用在实际操作中也相当重要,而且也较为复杂。网络管理中的各个功能模块的具体功能主要有:①网络工作设备的管理;②网络路由的管理;③网络的资源配置;④系统网络中高级应用软件。

(二)系统的人机操作界面

人机界面在主干网网络管理系统中占据最重要的地位,人机操作界面能够直接地反映出系统主干网网络管理系统的整体面貌。可以说,主干网网络管理系统的整体水平在某种程度上可以完全由人机界面自身的水平决定。主干网网络管理系统的人机界面可以分成两个层次:第一是关于网络控制工作站的人机交互界面,第二是网络外围工作站的浏览器界面。而基于两种界面,可以实现不同的目的,可以应用在不同的场合。

网络信息数据采用可视化系统的主要特点在于:①实现了矢量化的信息数据图形;②系统网络图层的控制;③实现网络的动态图层;④网络操作对象的编辑;⑤网络的操作空间选取;⑥网络的自动标注。

(三)系统的网络图形显示功能

网络中的多层图形的各层主要用于描绘图路的不同部分,其可以满足系统主干网网络管理系统的综合管理中所采取的各种通信方式的要求。

网络中的图形与数据库互相关联,而且能够自动实时反映网络实际运行状态,运用十分方便。

(四)系统的数据查找功能

本信息管理系统具有良好的网络历史数据的记忆功能,能够保存长达一年时间的状态变位事件的详细登记以及整个系统网络一年内的系统状态信息模拟量变化曲线等数据。这些储存的数据可以为工作人员随时查询、打印数据报表。操作者使用该系统,还可随时查找各种系统运行数据的信息,对整个系统的通信网运行情况进行充分的了解。

本系统数据查询功能的具体功能特点如下。

①状态量名称变位情况的记忆:各种变位情况不仅包括系统DQU运行的状态,网络中各种数据采集站的运行状态,还包括系统网络的主设备数据采集站、工作站的运行情况等。

②对操作员的登录身份的限制的功能:本系统根据安全需要,将系统登录的限制等级分为三级:作为普通查询的登录为第一等级;而第二级是针对系统操作员的,其赋予操作员能够对系统网络进行操作但其不能修改系统网络参数的权限;最高级,即第三级为整个系统的管理员而设置,第三级除了赋予管理员具有操作员对网络的具体操作功能外,还能进一步对系统网络——包括参数,结构等——进行更改或者扩大网络的内容。

③系统信息数据的统计以及报表功能。

④系统数据具有开放性。

(五)系统的缺陷与故障监管功能

整个系统的缺陷与故障需要及时判断、确定并进一步处理,系统的监管功能包括:①网络告警的最终确定;②系统告警的声光提示;③系统网络告警的即时信息。网络发生告警的时候,系统能够在网络的维护管理中心立即提示告警的具体分类、所属类别,方便操作人员的判断。这些种类包括网络告警等级、发生报警的局站名称、系统告警具体名称等数据信息。

网络告警的历史记忆:网络告警的历史记忆包括告警发生的具体时间、发生的具体地点、发生告警的设备名称以及网络告警的具体名称等数据信息,而且,这些记录都会很好地保持在服务器中,以备以后查阅。

网络告警恢复的检测：首先，网络告警恢复就是系统网络中被监控和检测的设备、设备的周围环境从告警状态转回到正常的运行状态的过程。这一检测的具体范围能够涵盖设备信号的开关量以及模拟量。

网络告警恢复的声光指示：当网络设备或线路告警恢复到正常运行状态时，系统的网络维护管理中心中与网络告警相关的图形或图示会回归为绿色，网络故障相应的告警及即时信息显示则会自动地将网络提示设置为恢复的标志。

网络告警显示优先等级：网络维护管理中心终端的任一网络显示画面，都能够同时显示网络告警的即时数据信息，这些信息不仅包含了网络告警的总次数，还将系统网络告警的分类及告警的处理情况也包括在内，为网络告警处理提供方便。这样做可以很好地确保系统在任何操作下，一旦系统网络发生任何告警或者系统告警恢复的事件，网络能够立即自动显示，很好地方便了网络值班人员的迅速分析，促进了系统的管理效率。

网络告警的确认：当网络发生故障告警时，在网络维护管理中心终端，会有系统操作人员对网络告警的信息的特点和性质进行落实。当告警的特性落实完成后，所产生告警的分类上会有较明显的标志并会立即停止告警音。

网络告警的清除：网络中已恢复为正常的告警分类信息可以被管理人员清除。网络已确认的告警分类信息也可以被清除。

系统故障派工单的自动产生：在网络维护管理中心，系统值班人员只需在告警分类框中选择系统的告警信息，那么系统监控就会立即自动产生相应的派工单，从而将告警事件进行处理。

（六）系统的设备应用与控制

系统的设备应用与控制包括以下几个方面：①系统信息的分类操作终端；②网络的遥信功能；③网络信息的遥测功能；④网络设备的遥控功能；⑤网络信息的遥设功能；⑥系统网络的远程实时追踪功能；⑦网络的远程自动抄表功能。

（七）系统的整体维护与控制

本系统除了已经设计好的框架和功能外，还为用户的实际操作和扩展考虑,为用户配备了以后应用开发的工具软件,使系统用户可以自由地根据自己的实际需要进行自行的系统设计、添加或删减系统的结构、图表等,使系统功能的整体效果更容易满足用户自身的要求。

(八)系统文件输出功能

为了客户的办公需要,系统还可以方便地提供各种客户所需的系统信息数据图表以及系统状态曲线,以满足客户各种控制管理所必需的显示、打印要求。

四、系统数据库的设计

数据库是存放系统数据、运行数据、基础数据的仓库,数据的设计一般采用工具软件,实现数据库的概念结构设计、逻辑结构设计以及物理结构设计,本节采用的计算机辅助设计工具是PowerDesigner,数据库管理系统采用SQL Server 2005。

介绍完数据库的需求分析和数据库的各阶段设计,下面介绍本软件系统的数据字典设计。

(一)单位信息表

单位表管理设备所属的单位信息,包括其组织机构、上下级关系、岗位设置等。

(二)用户表

用户表记录系统用户信息,包括各个单位、个人、岗位等。

(三)角色表

为了便于对用户授权,给访问数据库角色设置不同权限。

(四)参数表

参数表是本数据库的核心数据表,维护了设备的基础信息、运行状态信息、维护信息等,由于其数据记录数比较多,为了提升其查询快速性,为该表设置了相应的索引。

五、人机互动管理设计

人机互动界面的基本功能有:①提供必要的人机交互接口,比如菜单项、快捷键等接口,并且能通过调用SNMP协议实现对系统设备的控制、检查,以及运行等管理任务和管理信息树的维护。②获取各点基站及设备的信息，通过接收事件处理和实时处理模块的通知等渠道，实时给出干线网地球站的位置、运行情况，并及时给出显示告警信息。③人机交互界面必须友好，并且能够实现各小站以及相应主站内各设备的基本配置情况、站内的工作记录以及告警记忆信息等的查询，还包括配置资料的数据维护。

人机互动的设计原则：①其基本设计必须基于面向对象；②对于可能产生危险的设备操作，能及时给出警示信息，得到确认后再执行。③尽量以选择方式输入数据，对键盘输入数据给出格式提示并进行安全性检查(是否越界等)。④界面布局合理，符合现代人机工程学。⑤操作者能够在线得到系统帮助信息。⑥访问控制程序必须安全可靠。

人机互动管理总体上可以包括以下几个方面。

(一)网络状态的实时监视

现在，电力系统运行的网络状态实时监控必不可少。网络对状态的实时监控，就是要及时向操作者反映出全网的动态情况，并且能够对电网的运行情况给予适当的控制。为了达到这种运行的实时控制，在设计网络时，应该把主界面中的网络控制对象的运行情况都设置为动态的，使整个网络的运行状态随实际情况的变化而变化。如果运行状态出现异常，则会接收到设备告警，在这种情况下，主界面中的总告警灯会不断闪烁，给以提示。

(二)管理对象的操作

管理对象的操作就是系统对网络中各个地球站及其所有的运行参数的状况以及系统工作的状态进行对应的跟踪记忆。如果操作者要选取所要操作的目标，他可以通过操作系统中的对象树上的节点来进行，操作者能通过在系统所带的网络电子地图上选择操作目标，或者可以通过设备键盘或其他设备手动输入所要操作的对象名称。一旦工作人员选定了要操作的目标对象，就可以通过点击系统设备的右键来选择所需要的功能，然后左键点击弹出的相应的工作菜单进行操作，网络的监控界面程序会判断工作人员的选择，然后其会向网络地球站发送SNMP报文，然后等待系统的对应的反应。

（三）面向对象的查询、统计与分析

面向对象的查询、统计与分析模块的主要功能是提供详细的信息数据查询，并且查询界面应该是友好的人机交互界面，其主要功能如下：①对网络配置的具体数据进行查询统计；②对网络故障和运行情况的数据进行查询统计；③对已经形成的报表和输出进行统计。

以上所列功能需要在系统界面的辅助功能窗口中进行调用来执行，除此以外，这些功能还包括系统网络的工作记录的查询、系统网络告警记录的检查、网络中当前告警的检查、网络设备配置详细资料的显示及改正（或维护），以及系统网络中各种不同类型的汇总与分析窗口等。

本系统设计过程中，基本上按照让操作员选择输入数据的设计原则来进行，系统用户可以通过系统网络中各种检查窗口的下拉功能菜单来选择自己所需要的检查基准。

因为不同的管理对象的配置资料互不相同，而系统设计过程中，管理配置资料的过程是按面向对象的方法来操作的，因而系统网络的配置资料窗口为不同的管理对象制作了不同的、当下流行的卡片式个性化窗口。

系统的统计功能包括网络配置数据信息的详细统计、系统网络发生故障情况的统计以及系统正常运行状态的统计等，本系统还从人机工程学出发，形象地将所统计的信息以三维、二维图显示出来，可以方便用户迅速得到系统网络运行状态信息。

六、系统安全方面设计

本设计所做的系统为了安全着想，当系统开始对操作计时的时候，系统会把操作人员直接进入界面时所用的用户名和用户密码和被访问系统数据库所使用的系统用户名和系统用户密码设置为相同的。那么，只有拥有系统数据库访问级别权限的操作者可以进入。这样设置的结果是，使系统网络的第一道安全门的可靠性可以直接地由系统数据库的安全制度来保障，可以完全满足网络系统安全的第一设计原则。

不仅如此，系统网络还只会允许系统中已经配置了相应操作权限的管理站进行操作动作。

第五节 电力通信网络管理信息系统实现

一、系统网络部署实现

本节所研究实现的电力通信网络管理系统的网络拓扑结构，总体部署为星型，第一层为网络中心主干部署，采用1 000 MB主干将服务器与1 000 MB核心交换机Intel Express 550T相连。第二层为网络支干部署，采用二级交换机Intel Express 510T通过UTP交换口与核心交换机Intel Express 550T相连，各级工作站与二级交换机相连，形成交换1 000 MB到桌面星型连接，该总体部署方案利用服务器集群、交换机网络互联设备等，实现整个电力公司的网络互联互通。

上述拓扑网络方案实现了电力通信网络管理系统所面向的各级职能组织机构对电力通信网络的有效通信与管理。

二、系统分发网络IP配置的实现

本电力通信网络管理系统开发完成后，将需要分别配置并部署最终的软件系统，实现电力通信网络管理系统对内外的数据访问与业务交互[①]。要成功部署本系统，需要配置应用环境下的IP网络。下面论述系统的初始化必需的IP配置实现，其步骤分为如下两步。

(一)启动允许IP转发

从“开始”菜单中选择“设置”—“控制面板”。双击“网络”图标，在打开的窗口中，单击“协议”，切换至“网络协议”标签页面。双击“TCP/IP通信协议”，在出现的窗口中单击“路由选择”，切换至“路由选择”分页面。

在“启用IP转发”前打钩，按“确定”完成设置。

(二)IP地址及网关设置

假设服务器有3块网卡。IP地址分别为：192.168.1.1；192.168.2.1；192.168.3.1。子网掩码为255.255.255.0。

①邱超．电力设备档案及业务管理系统的设计与实现[D]．成都：电子科技大学，2021：23-25.

三、系统功能实现

(一)用户登录界面实现

在本系统中,软件实现界面主要有以下几种:用户登录窗体、主窗体。每个主窗体又按不同的内容分成不同的下一级窗体。为了让系统的风格一致、操作简单、方便,这些子窗体基本上比较类似。

为了保证用户使用的安全性,并和管理权限、职责相吻合,本系统给每个岗位、每个用户、每个部门分别分配不同的用户名和密码,各用户据此登录。

(二)核心层节点业务接入实现

为提高网络的可靠性,调度中心的业务系统接入采用双机备份组网连接。在核心层系统的本地局域网配置2台三层交换机作为业务交换机,核心节点路由器NE40即作为MPLS网络域内P路由器,又作为PE路由器。各部分功能如下。

P路由器作为MPLS网络域内的标记交换路由器,实现MPLS-VPN标记栈中顶层标记的压入、交换、弹出功能。

PE路由器是汇聚MPLS网域的边缘,三层交换机CE是本地局域网接入MPLS-VPN的设备。

在交换机局域网接入侧,将不同的业务设置在不同的VLAN中实现本地隔离;在PE设备上,BGP协议通过redistribute connect命令发布PE与CE之间的直连路由。

(三)接入层节点业务接入实现

接入层的业务接入的设备方案与骨干层业务接入技术方案类似,也是两台业务交换机接入到PE路由器上。

在接入层的本地局域网是配置2台二层交换机作为CE,两台交换机为局域网用户提供2个方向的可靠接入。

(四)系统主界面实现

系统主界面包括调度中心、系统管理、图形显示、数据汇总、缺陷管理、设备管理、维护管理以及报表中心等功能模块,其中,调度中心实现任务注册、任务调度、任务跟踪。系统管理实现用户、角色、权限以及单位、岗位的管理。图形显示将信息通过图形化的方式展示出来,数据汇总模块实现数据的统计、分析,并自动生成报表。缺陷管理采集和展示设备缺陷,并实现自动告警。设备管理模块维护设备台账等基础信息,而设备的变更、维护等由维护管理模块实现,报表中心管理报表的审核、备案等。用户通过选择,可以进入各级子系统,实现不同的管理任务,经过测试,各主要功能模块均已实现既定功能。

(五)通信网络故障管理功能实现

该模块实现了实时接收各专业网管系统/网元/动力监测设备上报的告警信息,并经过告警压缩、过滤、重定义、前转、确认、清除等告警处理流程,并加以呈现。

(六)通信网络动态监控实现

动态监控功能模块的实现,为电力通信网络提供了实时监测的功能,做到故障问题早发现、早解决,有力地保障了电力通信网络的正常运行与系统的可靠性。

该模块可完成对监控对象、监控系统自身的增加、修改和删除的管理;具有远程监控的功能,可在中心或远程进行现场参数的配置及修改;同时配置信息呈现是从全网的角度反映整个网络的拓扑结构,为用户进行日常的操作维护(如告警监视等)提供了可靠的监管与控制基础。

[1]杜超.大数据在电力通信网络中的应用[J].光源与照明,2021(10):37-39.

[2]傅淼.基于ASON技术的忻州地区电力通信系统设计研究[D].太原:太原理工大学,2020:17-18.

[3]李乐优.OTN技术在电力通信系统中的应用与优化[D].大连:大连理工大学,2018:14-15.

[4]李深昊.SDN中基于流量分类的路由优化技术研究与实现[D].北京:北京邮电大学,2021:16-18.

[5]梁源,王乙泽.无线电通信在山林火灾中的应用[J].中国新通信,2022,24(05):10-12.

[6]刘栋.基于SDH+EPON的智能配电通信组网设计与研究[D].太原:太原理工大学,2020:25-26.

[7]刘峻伯.OTN技术在通化市电力通信网络中的设计与应用[D].长春:吉林大学,2015:22-23.

[8]刘柯池.SDN下基于强化学习的智能路由算法[D].哈尔滨:哈尔滨工业大学,2021:13-15.

[9]柳林.软件定义网络中流量管理优化研究[D].呼和浩特:内蒙古大学,2021:23-25.

[10]卢兰.PTN中基于IEEE1588时间同步技术研究[D].桂林：桂林电子科技大学，2020：11-15.

[11]卢小宾，朱庆华，查先进，等.信息分析导论[M].武汉：武汉大学出版社，2020：86-87.

[12]邱超.电力设备档案及业务管理系统的设计与实现[D].成都：电子科技大学，2021：23-25.

[13]沈庆国，邹仕祥，陈茂香.现代通信网络[M].北京：人民邮电出版社，2017：98-102.

[14]施沩.低压电力线宽带载波高速通信关键技术研究及工程应用[D].南京：东南大学，2019：21-22.

[15]王均.电力通信综合网系统的优化设计与实现[J].电子设计工程，2018，26(24)：121-125.

[16]王伟，郭栋，张礼庆，等.云计算原理与实践[M].北京：人民邮电出版社，2018：123-125.

[17]吴广.电力系统工程中临时通信方案的研究[D].重庆：重庆邮电大学，2019：17-18.

[18]谢宇.管理信息系统的设计与实现[J].计算机与网络，2015，41(22)：52-53.

[19]薛联凤，章春芳.信息技术教程[M].南京：南大学出版社，2017：52-53.

[20]杨婷.电力公司视频监控系统的设计与实现[D].成都：电子科技大学，2021：14-17.

[21]张奔，王新洋.通信光纤信号传输衰减成因及优化技术[J].电子元器件与信息技术，2020，4(10)：35-36.

[22]张丽强.基于智能电表数据的供电网络拓扑识别方法研究[D].济南：山东大学，2020：15-17.

[23]张文华.面向系统灵活性的高比例可再生能源电力规划研究[D].北京:华北电力大学,2021:23-24.

[24]张颖浩.基于卫星网络的区块链共识算法研究与实现[D].南京:东南大学,2021:17-19.

[25]朱君.浅谈电力通信的发展和技术特点[J].黑龙江科技信息,2014(26):57.